图解
餐巾折叠技艺

［英］Ryland Peters & Small 有限公司 著
丛龙岩 译

中国轻工业出版社

目录 Contents

餐巾的历史与装饰风格

餐巾就如同餐桌上摆放的其他任何物品一样，是一种实用性非常强的用品，也是最具装饰性的要素。如果没有这块画龙点睛般的餐巾，任何餐桌摆台都会显得美中不足。餐具不需要配套摆放，看起来也会令人印象深刻——桌布可以是典雅风，也可以是华丽风，当然你也可以在特定的场合下，使用一种传统的大号锦缎餐巾。

编写这本书的目的，是给任何想要创作出一桌令人过目不忘的餐台布置的人士以鼓励，并激发其创作灵感。

餐巾史话

使用餐巾的历史悠久且极具趣味性。一位法国的匿名研究者对此进行过深入的研究，将二十世纪六七十年代称之为“解放”的时代——这是餐巾和餐桌的时代，而不是传统道德的时代！

毫无疑问的是，从二十世纪初开始，严谨古板的餐桌礼仪得到了一次释放，当时也仅仅是“花缎”才有此殊荣。《礼仪：社交礼仪蓝皮书》的作者艾米莉·波斯特宣称：“餐巾永远不应该……被摆放在餐桌的一边，因为这样做看起来仿佛是你在炫耀餐桌上摆放的美轮美奂的餐盘”，抑或是“极具想象力的餐巾折花显得品位不高”，而且家家户户都会遵循这些传统习俗。当每个人把注意力都聚焦在观察是否人人都在遵守那些矫揉造作的繁文缛节般的礼仪举止上时，用餐时就不可能有太多的乐趣。

时至今日，除了那些善解人意的服务礼仪和礼貌礼节，已经没有那么多的清规戒律了。在宴会上，现在的趋势是用餐桌摆台和灯光来营造出令人愉悦的就餐氛围。着重强调的是通过所营造出的欢乐愉悦的气氛，让客人感到宾至如归，这一点可以通过周详策划的餐桌摆设体现出来。座次卡、折叠得妙趣横生的餐巾，鲜花或者塞入餐巾中的香草，以及漂亮美观或者极具个性化的餐巾环，所有这些都可以成为席间交谈的焦点话题，让客人感觉到你的细致入微，使宴会有一个良好的开端，尤其是，让他们感觉到仿若是一场盛宴即将开始举行。根据德鲁西拉·贝弗斯在她的《现代礼仪》一书中的介绍，时尚礼仪，会建议将餐巾摆放到餐桌上餐具的中间位置，或者摆放到旁碟中。她在书中谈到，唯一的金科玉律是“无论怎么构思和折叠，一块餐巾应始终看起来和感觉到是现洗熨过的”。

人们普遍认为是古罗马人引入了餐巾，并且在用餐的过程中会使用两块餐巾：一块较大一些的餐巾会被系在脖子上，而奴隶们会把香水倒在客人的手上，然后客人会用第二块餐巾将手擦干。直到中世纪，桌布才开始流行起来，到了16世纪，大多数比较富裕的家庭都会在餐桌上摆好餐具之后再开始用餐。那时的人们普遍用他们的手指和餐刀吃饭，或者用桌布擦拭他们油腻的双手，或者将其涂抹到他们的面包上。正因为如此，在用餐的过程中，桌布会被更换好多次，在某些情况下，会用两到三块桌布逐一覆盖住餐桌（在有些餐馆里，在客人用餐的过程中更换桌布仍然是一种传统的习惯）。还有另外一种方式是铺设桌围，或者在餐桌的边上覆盖上亚麻桌布。这就是餐馆“桌布费”收费的来源。

花缎（花锦缎）餐巾（上页上方图）

一个银质餐巾环套着一块花缎餐巾，彰显着一桌正式的宴会餐桌摆台。在中世纪时期，餐巾尺寸的大小会显示出客人的尊贵程度。

挺括的亚麻餐巾（右图）

熨烫至挺括的餐巾，高高地叠放在一起，准备在晚餐时使用。在早期的时候，当大家族中雇佣了一群用人时，会有人专门负责洗涤熨烫这些亚麻餐巾。

正式的餐具摆台

这一套正式的餐具摆台，摆放着一块洁白的花缎餐巾和用于食用两道菜肴的餐具。餐巾通常会摆放在餐盘上，也可以摆放到摆台餐具的左侧位置处。

在历史上，客人用餐时所带来的餐巾的大小是其财富的象征，因此，客人所用的餐巾越大，就表示其越富有。仆人们会把餐巾像围兜一样系在客人的脖颈处，因此，如果餐巾的尺寸过小，就预示着餐巾的使用者只能“勉强维持生计”。达官贵人或庄园领主的餐巾又大又奢华，通常被绣得富丽堂皇。它们被覆盖在用餐者的手臂上，就像今天在一个高级餐厅工作的服务员会将餐巾搭在手臂上一样——这个习惯可能是由这个古老的习俗发展而来的。

餐巾也会遵循着时尚法则而进化，在有褶边和大花边衣领的时代，为了遮盖住这些巧夺天工的配饰，餐巾都是巨大号尺寸的，随着流行服饰的变化，餐巾的设计思路也与时俱进。到了19世纪初期，餐巾的使用方式成为人们关注的话题。时至今日，我们只用餐巾来轻轻擦拭我们的嘴角或者擦拭一下我们的手指。

在17世纪，尤其在法国，餐巾折花风靡一时。可以想象得到，当餐巾被折叠成各种栩栩如生的水果、鸟类、蝴蝶和其他各种繁复的造型时，人们会多么地愉悦。餐巾折花本身就是一种专门的职业，一名“餐巾折花者”会被富豪家庭所雇佣，在豪门盛宴开始的前一天来到富豪家里，创作出这些值得炫耀的餐巾折花进行展示。这给用餐过程和各种宴会带来了一个极佳的表现机会。正是这种在视觉上的令人赏心悦目的冲击，让我们可以在自家餐桌上，利用各种不同的餐巾和装饰配件重新创作出餐巾折花造型。

非正式餐具摆台

一套非正式的餐具摆台，只需要摆放食用一道菜肴的餐具——餐刀和餐叉可以一起摆放到餐巾上，放置在餐盘的右侧位置处。

经典的传统餐具摆台

在豪华餐厅里或盛大的晚宴上，服务员的手臂上通常会搭着一块上过浆的洁白餐巾，这个传统习惯或许可以追溯到中世纪时期。

实用而优雅的餐具摆台

一旦一瓶葡萄酒被开启，有时候会将餐巾系在酒瓶的瓶颈处，以防止在斟酒时滴洒或者溅出。如果葡萄酒经过冰镇，餐巾还可以吸收瓶身外面的冷凝水。

餐巾的尺寸和种类

餐桌用布，就像身上穿的衣服一样，有着自己的流行趋势。今天，我们就来欣赏一些令人叹为观止的、经过精挑细选的餐巾折花作品，从得体正式到纯粹的异想天开，以及美轮美奂的装饰等，从正式宴会到奢华婚礼，从午餐宴会和下午茶，以及鸡尾酒会到更随意的朋友聚会和家庭聚餐等，总会有一种适合各种场合所使用的餐巾折花类型。

所使用的餐巾类型通常会显示出正式宴会的档次或者氛围。从17世纪开始，在正式的晚宴或者是午餐场合，使用大块的白色或者奶油色的花缎餐巾，或者是平纹餐巾已经成为传统习惯。

晚宴所用的最好的餐巾之一是“双花缎”餐巾。花缎是用提花织机织成的一种质地非常结实的织品。传统上是由产自大马士革的丝绸制作而成的，现在则可以由棉花、羊毛或多种纤维来制作。其丰富多彩的形象设计是由纬缎与经缎相互交织而产生的。就一款双花缎餐巾来说，在其两面上都会有装饰图案。亚麻布餐巾比棉布餐巾更好用一些，因为其耐日晒并且更加结实耐用。

豪华亚麻布餐巾（左上图）

一块“双花缎”晚宴餐巾是最奢华、最讲究的选择。

完美搭配（左下图）

这个经典的餐具摆台，展示了一块经过简单折叠过的花缎餐巾只是上下重叠着摆放在餐盘内。

从上到下各种尺寸大小不同的餐巾（上图）

鸡尾酒餐巾、下午茶餐巾、午餐餐巾、晚宴餐巾，以及20世纪早期的法国传统餐巾。

关于餐巾确切的尺寸大小没有一定之规。传统上来说，晚宴上所用的餐巾尺寸大小，从50厘米见方到75厘米见方不等。所有比这个尺寸范围小的餐巾都会被认为是给午餐或者晚餐所用。午宴所用餐巾往往比晚宴餐巾更具装饰性，也没有那么正式。会使用许多极具特色的刺绣或者其他各种装饰性餐巾，像抽纱刺绣和编织工艺，或者印制花边等制成的餐巾。

现在下午茶餐巾依旧是使用更小号的，大致在20~30厘米见方，并且可以被放在膝盖上，但是不必真的如此。在19世纪和20世纪初期，下午茶餐巾会经常被绣得巧夺天工。小块的鸡尾酒餐巾或者手指餐巾，通常会使用不是那么结实耐用的，却更加时髦的面料制作而成。这些面料可以是蕾丝、透明硬纱、蝉翼纱或细棉布。鸡尾酒餐巾的大小从15厘米见方，一直到手帕大小不等。

品质优良的餐巾（右上图）

一份诱人食欲的下午茶餐盘上，铺着一块色泽洁白的餐布，并摆放着品质优良的亚麻和透明硬纱嵌花餐巾。

鸡尾酒餐巾（右下图）

香槟酒和草莓是炎炎夏日的最佳选择，有着扇贝形花边和刺绣的、品质优良的瑞士亚麻布鸡尾酒餐巾是其最具迷人风采的拍档。摆台的餐具可以通过将餐巾摆放在瓷器或者玻璃器皿上进行装饰而令人感觉到焕然一新。如图所示，餐巾上的线条图案与克里斯汀·拉克鲁瓦下午茶餐盘上栩栩如生的线条图案交相呼应。

大道至简

用线系好的一份充满现代感和极简主义的席次卡，蜡印的席次卡与现代风格的餐具摆台交相辉映。席次卡上的树叶造型与餐桌上使用的其他各种自然元素遥相呼应。

同系配色（左图）

这些象牙色的餐巾使用古典的饰面材料制成的餐巾环进行固定。

十字缝（右图）

用两道规整的十字线缝合一条毛毡，将餐巾系好，创作出一道时尚风景。

缎绳编织（上图）

用一根盘绕而成的缎绳编织成餐巾环，所使用的材料给这一个优雅的餐具摆台赋予了质感上的趣味，并增添了些时代气息。

系带和丝带

在这里，我们有很多种不同的，可以使用餐巾来装饰和修饰餐具摆台的方法。有时候，用一条恰合你意的、简简单单的系带或丝带装饰的餐巾，就能给你的餐桌增添一抹时尚的韵味。餐巾可以用各种各样的材料捆缚好。手链、项链、串珠，以及服饰用品等，都能创作出美观大方和独具特色的效果。将不同的颜色、质地和面料相互混合搭配，是创作出不同餐巾风格的行之有效的方法。

漂亮木珠（左上图）

细长的木珠串在皮革条上，可以用来作为极简的捆缚餐巾所使用的线段。

颜色和质地（右上图）

金色和绿色交相辉映，是秋日时光晚宴餐具摆台中最完美的搭配。

天然去雕饰

充分利用大自然在每个季节里给我们所提供的优势，修剪出一小簇玫瑰花束，或者是采摘自一束花园里的枝叶，从秋天所收获的果实中精挑细选出晶莹剔透的坚果，如果你没有一个小花园的话，可以使用从超市里所购买到的小个头的水果类，或者是新鲜的香草等。海滨沙滩可以提供丰富的装饰物品，像各种贝壳、光滑的鹅卵石，以及小块的、不规则的浮木等。

在每一个餐桌摆台中，可以用餐巾来包裹小型的盆栽植物。把餐巾折成一个三角形，用一条对比色的丝带或者细绳，将餐巾系在盆栽花盆上。您的客人在用餐之前，只需简单地解开餐巾即可。在春天和夏天，有着琳琅满目的微型盆栽植物，而像薰衣草、三色堇、雏菊、石竹花、紫罗兰或庭院玫瑰这样种植在花园中的小花则是理想选择。

另外一种做法是将新鲜的香草类，例如罗勒和百里香等进行盆栽，然后就可以用来作为用餐时餐桌上的装饰了。使用小盆栽种的绿薄荷或者柠檬马鞭草也非常实用——如果客人用手指拿取过食物用餐的话，他们就可以自己摘下几片叶子，用来清洁和清香自己的双手。

花之魅力（本页图和下一页图）

天然去雕饰的装饰简单易做并且效果明显：可以试着用葡萄叶、一串葡萄、小花朵类、贝壳类、新鲜香草类、小个头的水果类、榛子，抑或是一个用雏菊编织成的精致花环等来装饰餐桌。

条纹布和方格布餐巾（下一页图）

使用方格布、条纹布，或者是漂亮的印花布制作而成的不同图案的餐巾，可以为一桌非正式宴会，或者是家庭聚餐布置出一张特色鲜明的餐桌。餐桌上选择出的装饰品要与你精挑细选出的餐巾相互匹配。例如色彩艳丽的花朵配印花布，也或者是一根绳索和一个航海扣，用来装饰一块色调轻快的、航海风格的条纹布餐巾。

鲜明的图案和鲜艳的色彩（左上图）

方格布和条纹布永远都是轻松活泼的主题。

明媚艳丽（左下图）

一组随意捆缚而成的色彩鲜艳的亚麻布餐巾，给餐桌带来了琳琅满目的色彩效果。

湛蓝（右图）

集不同的色调和质地为一体，围绕着一种主色调为主题，非常适合大型聚会，以及日常所用。蓝色是这些场合下所能使用的理想的颜色，因为其色系非常广泛且多样化。

颜色和花样

餐巾不仅仅只在特殊场合下才使用。鲜艳浓郁的色彩和大胆的图案造型，会让你在一周中的所有用餐时间里都感觉到充满活力。如果你正在为家人或者朋友们准备便餐，你无须使用正式的餐巾环——反而可以尝试着将餐巾打上简单的结，或者随意地折叠好即可。可以通过选择那些天然纤维面料，耐洗，且不需要过多熨烫的餐巾，让生活变得简简单单。

实用时尚（上图）

对于日常饮食来说，选择最经济实用的，容易洗涤的亚麻布餐巾既能满足需要又充满乐趣。比如方格棉布、华夫格织布，抑或是漂亮的印花布等。

Sophie

一抹鲜艳的色彩

印有色彩鲜艳的字母组合的餐巾会给人一种非常生动且更加随和的观感。这里图示的是，一小枝葡萄藤叶与餐巾上的绿色刺绣线交相呼应，带来了一抹清新亮丽的感觉。

传统的交织文字（下方左图和右图）

交织上文字的餐巾给更加正式的宴会场合增添了优雅的格调。洁白而挺括的餐巾上，分别绣着每位客人姓氏的第一个字母，这是一种传统习俗。

创意修饰（上图）

背面有着独具特色的斑驳花纹的小巧的珍珠母纽扣，被缝在一块海蓝色餐巾的一角上。当你想要在餐巾上增加装饰物时，要记住，只需在餐巾的一个角上进行装饰即可，这样，餐巾仍然可以发挥其服务客人的作用。

刺绣和修饰

在维多利亚和爱德华时代，刺绣制品的餐巾和桌布非常受欢迎。华美的餐巾制品，通常会用手写体进行刺绣，现在仍然流传甚广，并且可以在古董展览会上、旧货商店里、在线拍卖网站，以及街边市场上寻觅到。在餐巾上交织上文字是餐巾装饰中最经典的形式。用白色丝线在洁白的织物上绣上文字有着自己永恒的优雅。在个人专属的餐巾上，添加上客人姓氏首字母的个性化刺绣餐巾，作为礼品赠送是一种非常不错的方式。

漂亮花色

在纯白色亚麻布餐巾上绣着的雏菊，为午餐餐桌的布置带来些许春天的气息。

餐桌摆台中的餐巾折花

餐桌布置的风格可以用来作为某个场合之下的礼节礼仪或者氛围的风向标。折叠至华丽造型的亚麻布餐巾或者花缎餐巾在正式的场合，例如在晚宴或者婚宴等情况下使用恰如其分。而更加休闲的娱乐场合，则为使用各种各样不同大小、图案和颜色的餐巾折花的轻松愉悦的餐桌布置，提供了一个展示的机会。

完美无缺的粉彩色

使用经过简单折叠的美丽的粉彩色亚麻布餐巾，与你的桌布交相辉映。用礼品签制作座次卡是另外一种提升个性化服务品质的方式。一张摆放随意但有着漂亮装饰的餐桌，对你来说意味着不用去做烦琐的准备工作，并且会让每一位客人都感觉到轻松惬意。

颜色搭配（左图）

花费一分钟的时间去考虑一下餐桌布置的颜色组合搭配，可以让你的餐桌显得与众不同。选择那些能够互补的颜色，比如这些细腻的粉色和绿色，相互之间搭配的效果就非常好，尤其是在一个随意的春季场合下。

漂亮的餐巾纸（右图）

在今天，餐巾纸有着无数种设计图案，非常适合在户外用餐时使用，抑或给你身边那个喜欢调皮捣蛋的小家伙使用。选择与整体主题保持一致的图案亮丽的餐巾纸。

乡村花朵

和亲朋好友们一起参加一个非正式的春天或者夏天的聚会，以一个淡雅的花卉主旋律作为款待的主题肯定会被人们所接受。粉色和蓝色是首选的颜色，但是不要堆砌得过多，否则就会从锦上添花变成画蛇添足。要保持整体外观的柔和与美观，坚持简约至上，并大量地使用鲜花。这个主题非常适合婴儿礼物会、母亲节的午餐，或者洗礼仪式的用餐等场合。

完美造型（上图）

渐显的印花餐巾对餐具上的几何图案形成有效的补充。有着蓝色握柄的简朴餐具，使这个清爽、时尚的餐桌摆台更加完善。

细瓷餐具（左图）

一块简单折叠好的绣有花卉图案的洁白餐巾，是高档骨瓷餐具的最佳拍档。

一丝闪光（下页图）

对于这一主题有个更大胆的版本，使用带有图案、色彩鲜艳的餐具与绣花餐巾相互搭配。这里图示的是，使用一个花香串珠链制作成一个时尚的餐巾环，以对精美的古典式餐盘形成补充。

带有花卉图案的餐巾和桌布是这一个轻松、漂亮的主题餐桌的重要组成部分。从不拘一格的印花图案到在一个边角上绣着一朵花的简单朴素的纯白棉布餐巾，有一些共性的装饰适合在许多不同风格的场合下使用。首先要选择好适合你餐桌大小的一块桌布，或者是折出一块布料。不要把自己的思维模式局限在纯白色之中——色彩柔和的桌布或者是花式桌布都可以令一个房间内的客人心情愉悦。接下来再选择与桌布相匹配的餐巾。经过简单折叠好的，像“玫瑰”或者“信封”（下页图）造型的餐巾，摆放在这个主题里效果最好。可以使用普通的餐具以获得更加时尚的韵味，或者使用有着花卉图案装饰的精美瓷器，以起到装饰效果。最后将花卉简单地插入到玻璃瓶内用来装饰餐桌并制备一些讨人喜欢的食物供客人享用。

1 将一块展开的方形餐巾对折，将底部的边角朝上部的边角折叠过去，餐巾的缝边朝向内侧，形成一个大的三角形。

2 将三角形餐巾的底部朝上折叠，形成一个大的褶边，宽度大约在 5 厘米。

3 将餐巾的底部再次朝上折叠，在顶部位置处只留出一个小的三角形。

4 从餐巾左侧的边角处开始，从左侧往里卷起，一直卷到差不多到了右侧边角的位置处。

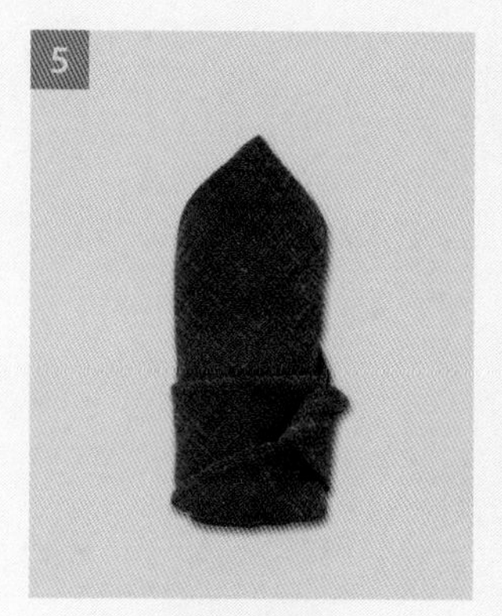

5 将右侧边角缠起，并塞入餐巾底部的斜缝中。

6 把餐巾顶部的两个边角分别朝外翻下来，形成环绕在玫瑰底部的叶子。

7 将折叠好的餐巾翻转过来，并根据需要，先将折好的玫瑰叶子塑好形，然后再将折叠好的玫瑰餐巾放到餐盘的中间位置处。

玫瑰

将素色的亚麻布餐巾折叠成一朵高贵优雅的“玫瑰”，可以保证在任何场合下，都能给你的客人留下极为深刻的印象。特别是当你使用华丽的，带有花卉图案的餐具时，这种魅力无穷的餐巾折花会与一个以花卉为主题的餐桌布置形成完美的互动。这种餐巾折花最适合使用素色的餐巾，否则卷起的玫瑰花瓣会将餐巾上的图案造型遮盖住。

信封

一种折叠手法简单的餐巾折花，可以用于午间简餐或者是无拘无束的晚餐场合。“信封”的折叠不需要使用上过浆的餐巾，最好是使用柔软的、易折叠的面料制作而成的餐巾，这样的餐巾可以折叠出造型逼真的皱褶。素色、粉彩色或碎花餐巾都非常适合这种折叠方式——折叠好之后，餐巾上自带的图案通常都会创作出它们专属的令人赏心悦目的几何图案。

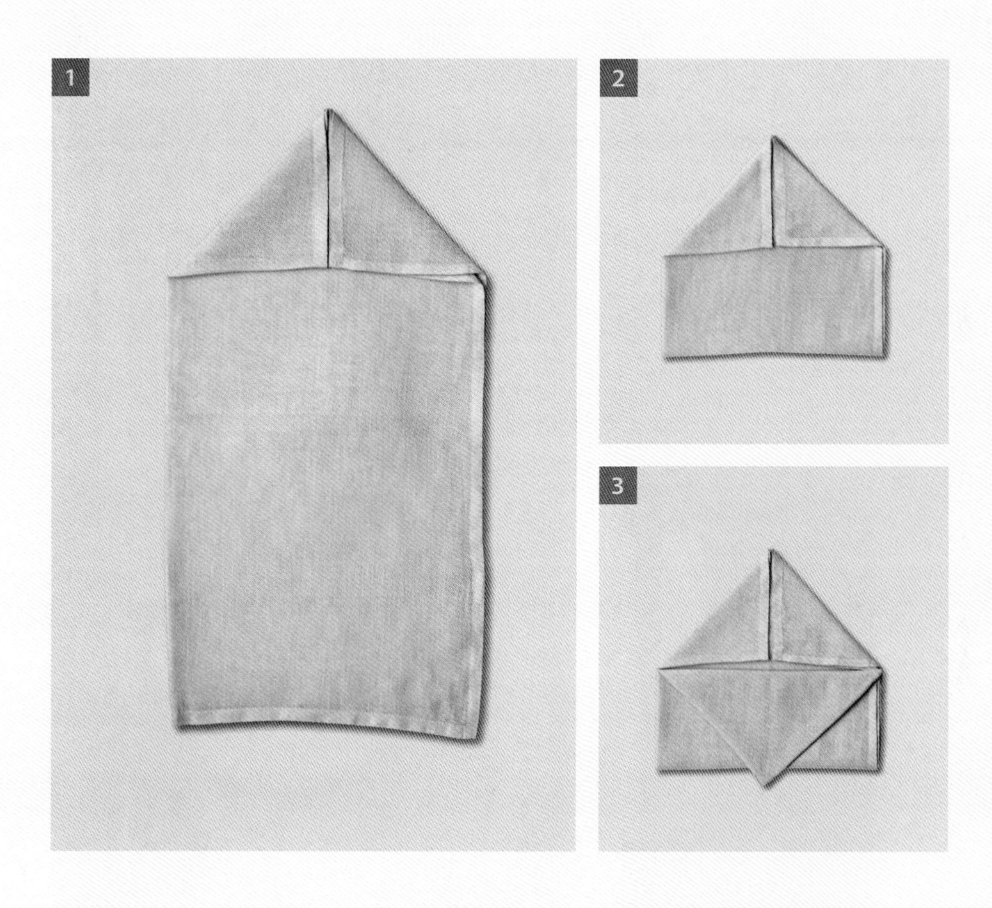

1 将餐巾对折形成一个大的长方形，让其短边一侧靠近你的身体。要折叠出信封的封口，将顶部两侧的两个边角分别朝向中间位置折叠，在长方形餐巾的顶端位置形成一个尖角。确保两个边缘部分对齐。

2 将长方形餐巾的底部朝上折叠，完全覆盖住上半部顶端的尖角位置。要折叠出信封的第二个封口造型，将刚才折叠至顶端位置餐巾的两个边角分别朝向中间位置折叠，就如同之前的折叠方法一样，在折叠出的第一个尖角的上面，折叠出第二个尖角造型。

3 把刚折叠好的上面这一个尖角朝下折叠，这样其尖角端位置刚好在餐巾的底边位置露出来。用你的大拇指沿着折叠的折缝处按压出一条折痕。再将顶部的第二个尖角朝下折叠，盖过刚才折叠下来的第一个尖角。这一次不要再按压出折痕，只是让其保持原状即可。让第二个折叠过来的尖角略微高出下面的尖角，这样双层的信封封口能够清晰可见。

自然元素

这里图示的是，用柔软的绿色和棕色的亚麻布桌布构成了一个时髦的、花园主题餐桌摆台的基调。可以选择中性的颜色和天然的装饰品，就如同这些用酒椰叶纤维缠绕着的玻璃杯，以及用野草和如同雕塑一样的种子穗来代替那些更常见的传统花朵。

自然选择（下页图）

中性色和清凉的绿色会非常适合用于这个主题的亚麻桌布和餐具。餐巾应该使用像折叠“席次卡夹”（下页图）一样的折叠技法进行折叠，或者只是简单地用丝带或者是植物藤线系好，以与所搭配的颜色主题保持一致。

就位（下页，右上角图）

当席次卡与餐桌主题的其余部分遥相辉映时，会很好地融入其中。要重现这种效果，可以购买成品席次卡，或者利用模板、印章自己制作出富有特色的席次卡。在席次卡的一角上打出一个孔洞，用植物藤线或者其他细绳，将其系到亚麻布餐巾上。

层次分明（上图）

平滑的金属餐具与粗糙的石块形成了鲜明对比，构成了内涵丰富而耐人寻味的材质组合。

引人注目（左图）

跳出日常思维的框框限制，多考虑使用简单却富有新意的方式去摆放餐具，这里图示的是，将亚麻布桌旗横铺在餐桌上，创作出一种别具一格的时尚风格的餐具摆台布置。

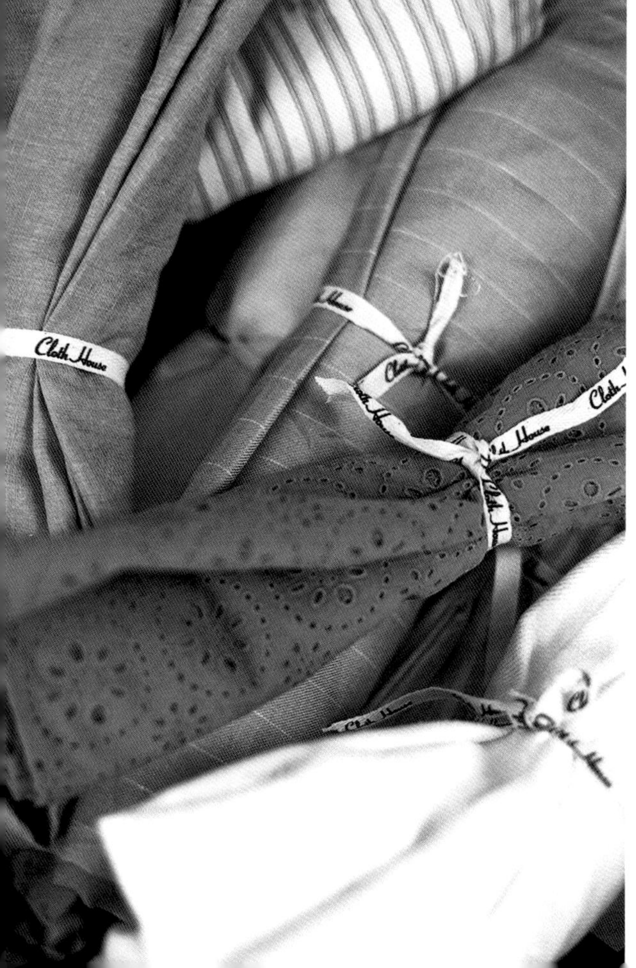
Cloth House

席次卡夹

这是一种值得你去反复练习掌握的，折叠手法更加复杂的餐巾折花技法。“席次卡夹”是那些需要摆放席次卡的大型聚会理想的餐巾折花。这种折叠方式需要一块大的、多次上浆的餐巾，以使餐巾在卷紧之后不会散开，适合于使用浅色的和中性色的餐巾来折叠。

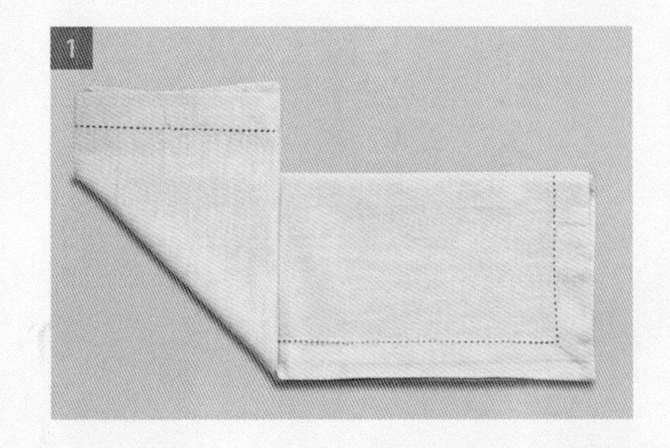

1 首先将餐巾底部的三分之一朝上折叠，然后将上部的三分之一餐巾朝下折叠，并覆盖过底部折叠好的餐巾，折叠出一个狭长条状的长方形。用手指固定好餐巾底边的中心点位置，将长方形餐巾的左半边呈斜对角方向朝上折叠过去，然后将右半边也同样如此朝上折叠好。将餐巾从上到下翻扣过来，这样，餐巾的尖角是在朝上的位置。

2 将下部位置其中的一个边朝上紧紧卷起，一直卷到餐巾的折痕处。用手扶好，再将下部位置上另外一个边同样朝上卷紧。

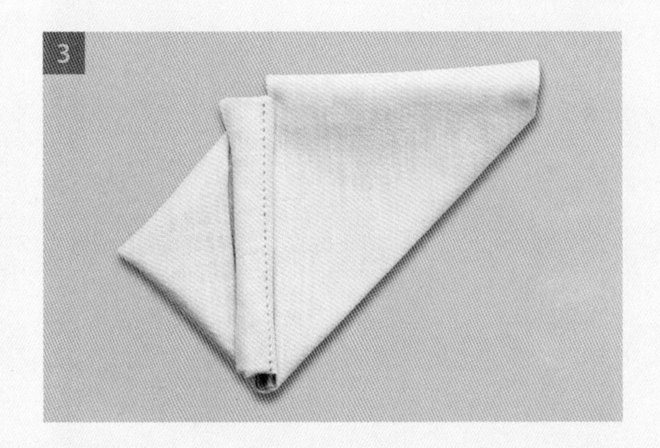

3 把餐巾从上到下翻扣过来，这样这个尖角就再次回到了底部，而卷起的两个边是在上部。将左边餐巾朝着底部尖角处折叠，让卷紧的餐巾部分和中间的垂直折痕对齐。将右边餐巾朝着底部尖角处折叠，这样卷起的两个餐巾部分就会并排在一起，而其下面的餐巾就成了一个正方形。将你的席次卡插入卷起的两个餐巾部分的中间位置上。客人姓名应写在席次卡上足够高的位置处，以便客人能够在第一时间清晰可见。

低调中的优雅

时尚而简约，这个餐台布置有着一种俱乐部式的久经世故之感。使用暗色调和抛光纹路的餐具，保持着低调沉稳和阳刚之气的主旋律。使用光洁的木制餐桌是最完美的选择，但是如果你手头上没有这样的餐桌，可以使用一块深棕色或者是绿色的桌布将桌面覆盖好，抑或是使用桌旗装饰桌面。尽量减少使用装饰性用品，你的目的是布置出一种雅致整洁的摆台风格。

时尚之作

只需要略微花费一点小心思，你就可以将你平时所布置的餐桌变成令人愉悦且乐于交谈的话题。你无须购买任何特制的物品，只要选择好用一种时髦的，以及具有现代感的、外观简约的用品，并加入一些个人的奇思妙想：自制的餐垫，或者手绘一些席次卡等，做工简单而时尚。这种策划方案非常适合与家人共进午餐或与亲朋好友共享晚餐时光。

基调（下图）

保持桌面色调暗沉，给人一种不甚讲究的、阳刚的感觉。灰色、紫色和蓝色基调会创作出一种简单的背景基调。使用桌布和餐巾来添加丰富的色彩，奇特的细节造型将会给你带来焕然一新的感觉。

印花和摹制（上图）

摹制有图案或印花的餐巾和系带也能够很好地配合这个主题，只需要它们与这一冷色调保持一致即可。

完美的折角

餐巾上折叠出的一丝不苟的褶裥，在任何场合下的餐桌摆台上都会增添一种时尚别致的、量身定做般的效果。要达到这种硬挺的品质，最重要的是，你要使用棉布或者亚麻布餐巾，并且在开始折叠前，先要把它们上好浆，否则的话，这些餐巾不够硬挺到足以支撑起这些折痕。灰色或者米黄色的餐巾可以创作出一种精致而自然的效果。

1 在一块展开的方形餐巾上熨烫并喷上淀粉上浆，折叠成四分之一大小。

2 握住餐巾的折叠处，朝向右侧提起上层左侧的边角，并朝右边伸拉，形成一个三角形。

3 把折好的餐巾从左到右翻扣过去。

4 扶好餐巾，将右下角的最上面一层餐巾向左侧伸拉，形成一个大的三角形。

5 把三角形餐巾从左到右对折成两半。

6 将折叠好的餐巾呈扇形展开，以便四个尖角间距相等。把餐巾按要求摆放到餐盘内。

钻石

用于四位客人或者更多客人就坐用餐场合下的最佳选择，这种餐巾折花可以提前折叠好并堆放到一起备用。餐巾不必上浆，但是要选择一种能够按压上折痕的面料。“钻石”的中间位置是摆放一张名片或者一束香草的最佳地方。

1 将底部餐巾的三分之一朝上折叠，然后将上部的三分之一餐巾朝下折叠，并覆盖过底部折叠好的餐巾，折叠出一个狭长条状的长方形。用手指固定好顶端餐巾边缘的中心点位置，将长方形餐巾的半边呈斜对角朝下折叠过去。

2 将餐巾从左到右翻扣过去，这样刚才折叠过的餐巾部分是在下面的位置上。将下面餐巾的一角朝里折叠，然后将另外一个角也如此朝里折叠，最后折好的两个边就会形成一个三角形的尖角。

3 用你的手指按住餐巾左边对角线边缘的中间位置。用另外一只手，将三角形餐巾部分呈对角向右侧并朝上折叠过去，这样折叠之后，刚才最下面的尖角就成为菱形钻石的右角。最后，把右侧的长条形餐巾朝下折叠，以便让菱形钻石规整地坐落在一个方块餐巾上。用大拇指按压出折痕。

原汁原味（上页左上图和右上图）

在所有的东方风味宴会上，筷子都是必需之物。可以从亚洲超市、网店里购买，或者在你旅行的途中收集。

漂亮的刺绣（上页左下角图）

日本手工制品，这个用生丝制作而成的杯垫，装饰有用两种颜色的丝线绣成的菱形图案造型。

精织（上页右下角图）

这种绸缎餐垫是用来自中国的面料制作而成的。

真正收尾的餐巾（右上角图）

手工印花制成的印度棉布餐巾与一碗小豆蔻籽交相辉映，小豆蔻籽传统上是用来清新口气的。

水乳交融（右下角图）

文化冲突与协调的结果：来自韩国的黑色餐盘，一只越南的饭碗，产自欧洲的一块棕色餐巾和木制餐巾环，还有来自日本的装饰木筷，一起摆放在一块日本生丝餐垫上。

亚洲风

随着使用天然有机造型的、自然纹理的和色彩丰富的简单餐具使用，一个东方主题的餐桌布置是一桌精心策划过的晚宴的完美选择。充分利用你手头上所拥有的——洁白的平餐盘、陶瓷碗，或者灯芯草餐垫，然后引入一些东方元素。将一块长布料横铺到餐桌上，抛弃刀叉，用筷子取而代之。

东方风格（上图）

为一桌晚宴选择一个东方风格的主题，可以给你沉浸在深沉的色调、丰富的图案和异国情调中的机会。

在东方饮食文化中，传统上是不使用餐巾的。一直以来的习俗是，在用餐结束时，给客人提供小块热的湿毛巾。在这些文化传统中，使用东方风格的餐巾是相互兼容的结果。东方烹饪受到西方饮食风格的影响，在用餐时使用餐巾的做法变得越来越普遍。许多现代风格的亚洲餐巾都颇为与众不同。它们通常都由生丝或染色亚麻布制成。这样的话，当它们与东方独具特色的陶瓷釉餐具结合到一起时，就会构成一种柔和的色调，在任何风格的餐桌装饰中都能恰如其分地占有一席之地。

保持低调（上图）

生动有趣并且不拘礼节，矮桌用餐的方式改变了人们传统的娱乐习惯，而一张咖啡桌或者矮板凳就会创作出完美的就餐台面。用一块色彩鲜艳的织物覆盖住桌面，在餐桌周围摆放上一些舒适的靠垫，你马上就能看到如愿以偿的效果。

东方用品（下页图）

摆放的正宗餐具可以使得一个以东方风格为主题的餐台布置显得与众不同。精美的日本茶具，来自中国的生丝餐巾，而瓷匙和筷子可以很容易在旅途中购买到或收集到。

蝴蝶结

这个“蝴蝶结”是最适合用于一桌东方风味宴会的餐巾折花，并且非常容易折叠。可以试着使用一块厚重的，带有花色图案造型的亚麻布餐巾，以充分展示这款有趣而时尚的餐巾折花。在这个主题中，对于餐巾和餐具来说，各种各样的中性颜色和纹理都会相互匹配。筷子可以竖着塞入餐巾里，位置在中间折好的环状餐巾（蝴蝶结）的下面，或者摆放到折叠好的餐巾的旁边，以完成餐具摆台。

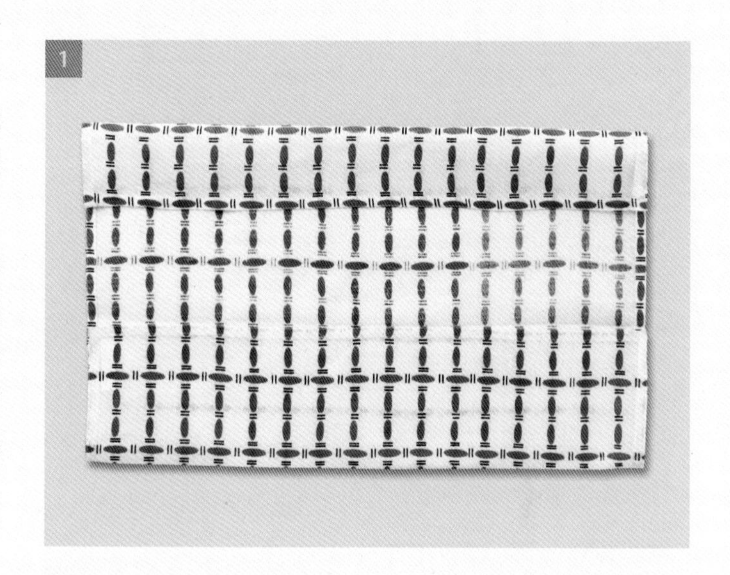

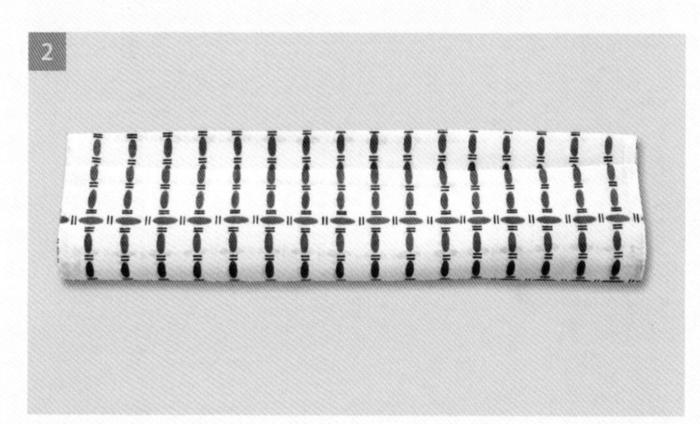

1 将一块展开的方形餐巾熨烫并上浆。将餐巾的上部和下部朝向中间位置折叠。

2 把餐巾的下部朝上折叠，与上部折叠过来的边缘重合，再对折。

3 将餐巾的右半边朝上并往中间位置折叠，将餐巾的左半边朝下并往中间位置折叠，呈扭曲状。用大拇指按压出折痕。

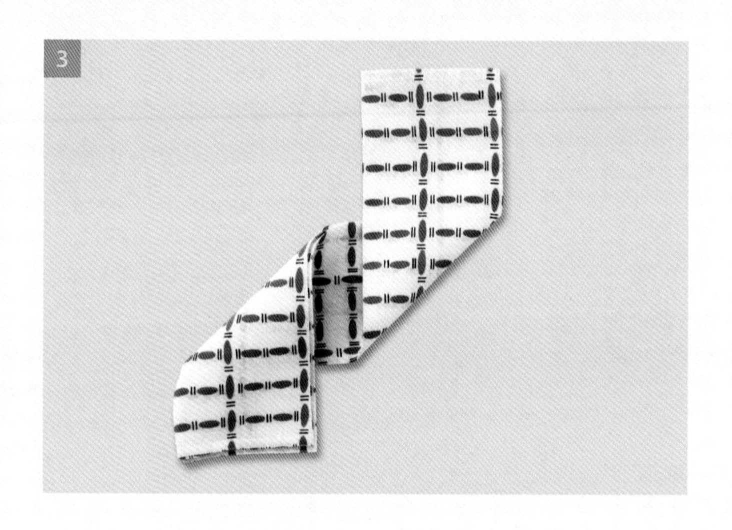

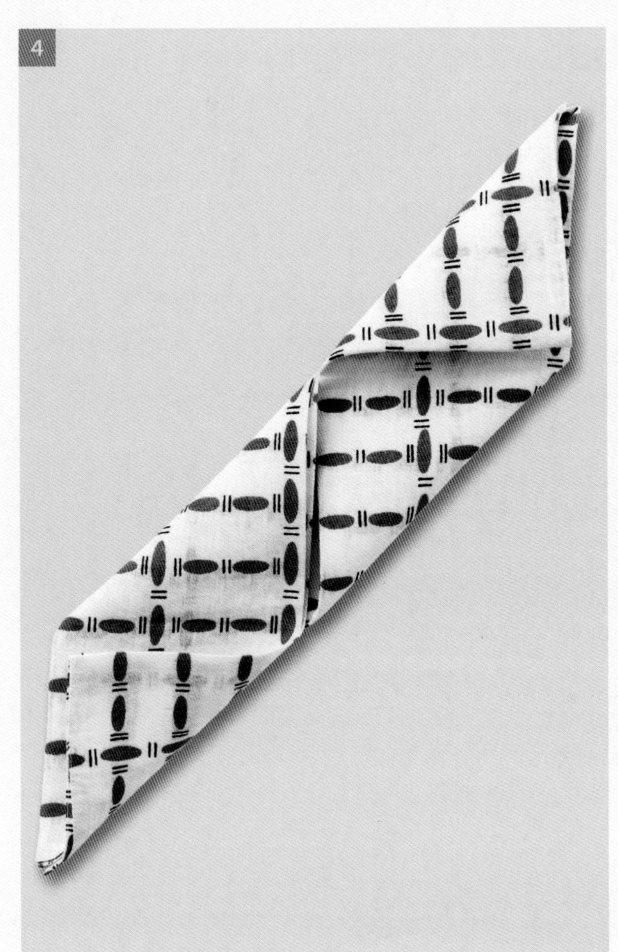

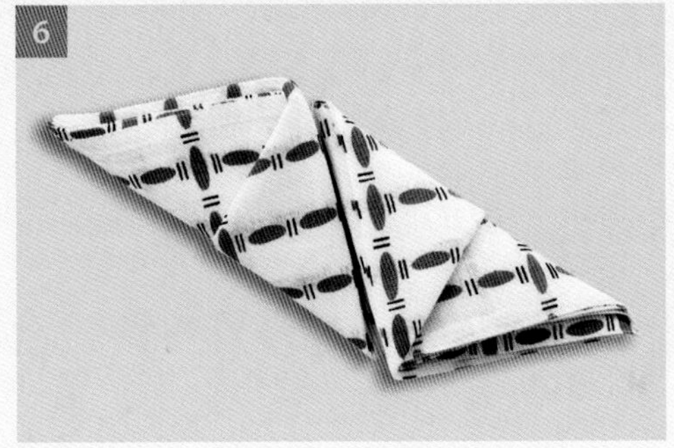

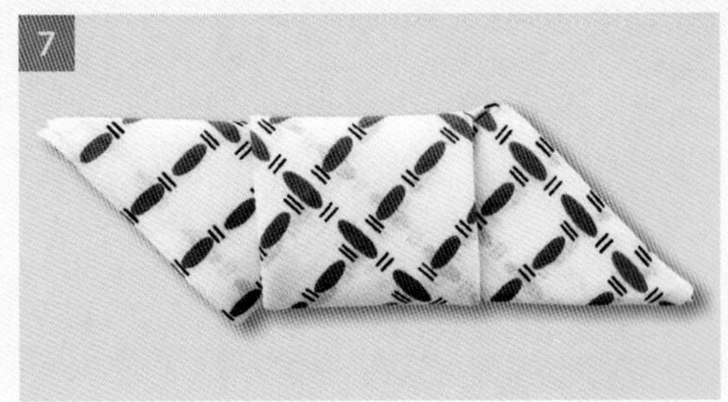

4 将餐巾两端的内角分别往下并朝向中间位置折叠，以形成一个三角形。这样折叠好之后，你就会看到一排四个三角形。

5 将顶部的三角形朝下折叠，将底部的三角形朝上折叠。

6 将左右两侧的三角形分别往里朝向中间位置折叠。

7 将折叠好的餐巾从左往右翻扣过来。可以将筷子插入中间的蝴蝶结中，并根据需要摆放到餐盘中。

增加趣味（下页图）

这个主题策划方案对于质地和颜色如何能够让一张餐桌变得充满活力来说，是一个完美的例证。生机盎然的粉色和绿色提升了房间内平静、中性的色调，而富有质感的纸张和织物则为主题情境增添了些许装饰。

清新雅韵（下图）

一块白色或者乳白色，刚刚洗熨过的、上浆至硬挺的餐巾对你的餐桌来说是不可缺少的装饰品。它将为任何场合下的用餐体验增添庄重感和仪式感。如果你擅长使用针线，可以试着在白色的织物上用白色的丝线缝出一个字母组合，这样看起来就有如浮雕一般的感觉了。

融入细节（上图）

绣球花枝被捆缚在这些经典的银色餐巾环上，以便与餐桌上花卉之中的粉色和绿色组合遥相呼应。

典雅浑成

想要举办一场特别的宴会，需要展示你的全部实力，并且要将你的餐桌布置得尽善尽美。你不需要那些精美的瓷器和水晶杯（当然如果你拥有的话，就要着重地使用它们）——布置出一张漂亮美观的餐桌的关键之处在于你如何去装扮它。正确的餐桌布置会让一切变得截然不同：擦亮的餐桌，抛光的餐椅，以及铺设的一块漂亮桌布或者桌旗等。然后选择一个配色方案——精致柔和的色调是典雅浑成主题的最佳选择。

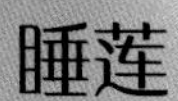

睡莲

最负盛名的餐巾折花之一，这是孩子们的最爱，他们用纸张折叠出来，以创作出一种算命占卜的游戏。“睡莲”在正式场合和非正式场合下都同样适用。如果你想要折叠出一个不是那么立体的、盛开的睡莲，可以使用柔软的、没有上过浆的布料制成的餐巾，更加挺括的面料会折叠出边角更加硬挺和更高一些的碗状造型的睡莲。

1 首先精准地找到餐巾的中心点位置。然后将餐巾对折成一个长方形，并用拇指将折缝处按压出折线。展开餐巾，再从另外一个方向重复折叠按压餐巾，两次折叠之后形成的压痕交汇点是在餐巾的中心位置处。将餐巾的四个角分别朝里折叠，这样其四个边角就会在中心点汇合，形成一个正方形。

2 接着再次朝里折叠一个角，要确保折叠后餐巾的尖角精准地位于餐巾的中心点位置上。

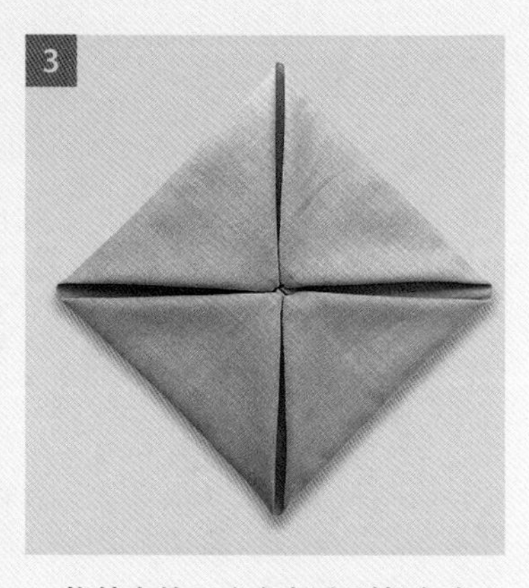

3 将其余的三个角都分别朝向中心点位置折叠好，这样就会形成一个更小一些的正方形。用拇指将折叠过的地方全部按压出折痕。

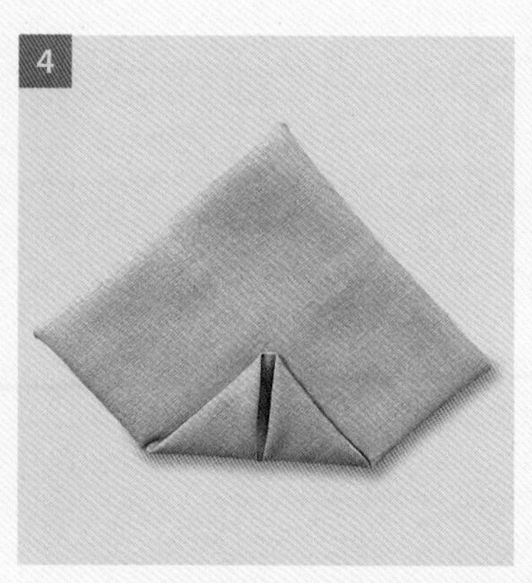

4 小心地抬起餐巾，并从左到右翻扣过去，保持所有折叠过的边角折痕都平铺在餐巾的下面。接着将其中的一个边角朝向中心点位置折叠好。

5 以同样的方法，将其余三个边角分别朝里折叠到中心点位置处，这样你就会再次地折叠出一个正方形。

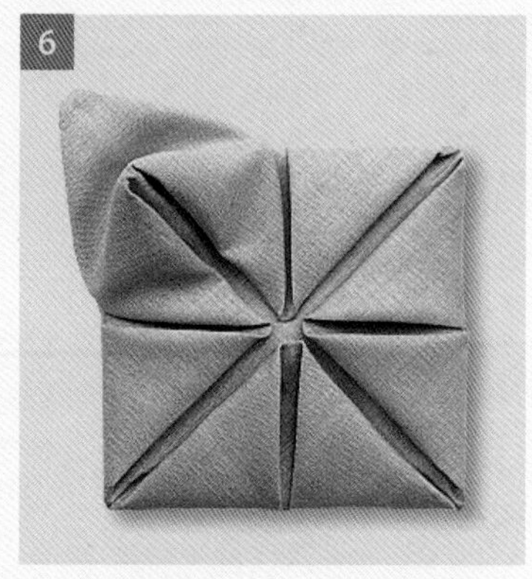

6 用你的手指将中心点位置的边角小心地扶牢扶稳，从一个边角的底部位置，将下面位置的餐巾轻轻地伸拉出来。用同样的方法把其余的三个边角底部位置的餐巾分别伸拉出来。

花瓣

在所有的餐巾折花中，“花瓣”是可以跻身于最漂亮行列之中的餐巾折花，是华丽优美和优雅大方的餐桌布置的完美之选，这种餐巾的折叠方法模仿了一朵花的花瓣层次，淡粉色、蓝色或丁香花色是首选颜色，并且你甚至可以如图所示，使用两种不同的色调来创作出一个漂亮的层次分明的作品。在折叠之前一定要把餐巾所用的布料上浆，以便让这些花瓣在餐桌上能够保持住形状不变。

1 将一块展开的方形餐巾熨烫并上浆。将餐巾折叠至四分之一大小，将四个没有折痕并分层的边角朝向右侧位置。

2 将餐巾的底角朝上折叠至三分之一处。

3 按照手风琴式褶痕样式，从餐巾左侧边角开始折叠到右侧边角位置。

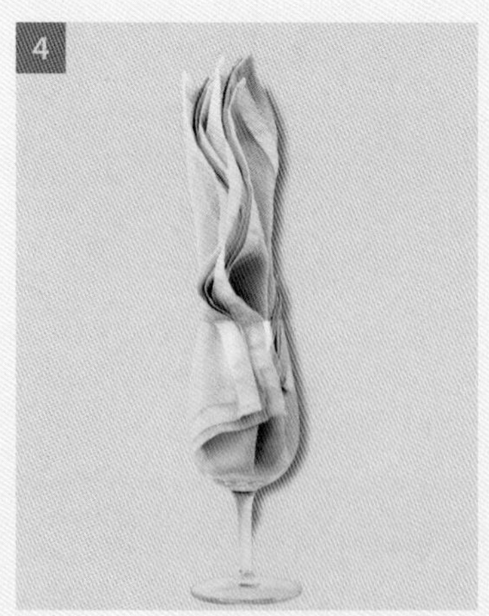

4 将餐巾的底部塞入一个葡萄酒杯里。

5 根据需要将餐巾分开层次，看起来如同漂亮的花瓣。

经典魅力

在一张老式的茶几上，满满地摆放着可以享用的、丰盛的美味佳肴，充满无穷的魅力，要做到这一点再简单不过了。需要什么材料？一块简单的白色亚麻布上，高高地堆放着各种装饰、花枝和童话蛋糕。相互之间不协调也没有关系——这就是奇妙的复古风魅力的一部分。

茶会的桌面

带着依恋往事之情，向你祖母使用的茶几点头致意，采用各种装饰、鲜花和物美价廉的餐具，用于你的古典式茶会。别忘了提供香伯爵茶，以及美味的蛋糕和饼干/曲奇。

经典的吸引力（左上图和右上图）

一场经典的茶会是充分展示传统餐具的绝佳时刻。印有枝叶状装饰花纹的瓷质茶杯和茶盘完美地符合这种场合的需要。要保持浅色和美观——渐变的粉红色、柔和的丁香色和温和的蓝色与白色或奶油色形成鲜明的对照——并且倾向于使用花边餐具要甚于直边餐具。在这个经典的餐桌布置环境中，将鲜花插在花瓶中或茶杯中展示都是充满魅力之举。

鲜花和花边（右图）

镶有蕾丝花边的漂亮餐巾非常适合这个主题。在每一位餐具摆台中都加入鲜花，以起到画龙点睛的作用。

经典装饰（左下图）

一块蕾丝花边刺绣手帕兼做餐巾使用，摆放在精美的有着手绘图案的茶杯之中。

增加趣味型（左下图）

搭配得相得益彰的玫瑰花形的桌布和餐巾被老式的、带有精致花边的奶油色餐具所分隔开。一个简单的布制餐巾环，将餐桌摆台的布局从拥挤之中突显出来。

清新雅韵（右下图）

有着裙状褶边或者蕾丝花边的，洁白色或者奶油色的刚洗净的，熨烫至挺括的餐巾，无懈可击地显现了这个女性主题的内容。

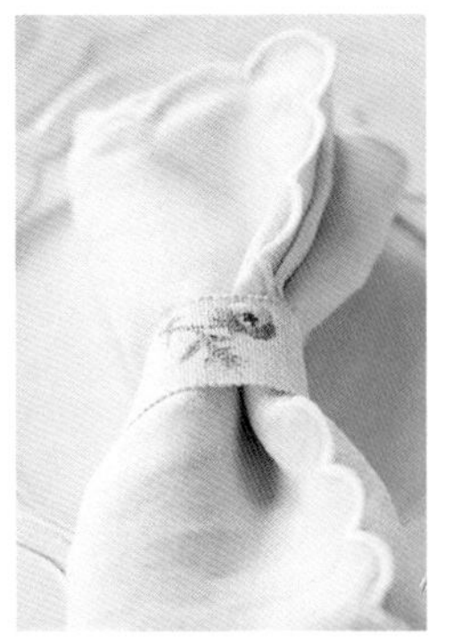

简单即完美（上图）

熨烫至挺括的餐巾，不需要太多的装饰，看起来就优雅大方。只需简单地折叠和餐巾环。

星光闪烁（下图）

通过在餐巾环上添加带有装饰性的、复古风格的首饰配件，给你的餐巾增添少许的动感韵味。这些装饰性的小道具，也可以用来成为客人们用餐时的谈资。

你会发现，你用于布置出一张迷人的、经典主题风格的餐桌所需要的每一件物品，远远没有看起来那么费时费劲。先从你的橱柜之中开始翻找，以期能够寻找出白色的、奶油色的或者素色的桌布。旧货店和二手店，能够淘到有些意义的餐具以及桌布装饰物，同时也是找到用来捆缚餐巾物品的好地方。而在百货商店里面的杂货柜台里，也会寻摸到很多用于餐巾的，引人入胜的、经典主题风格的装饰品，并能找到如蛋糕支架和餐垫等画龙点睛般的物品。

古典男士帽

象牙色亚麻布餐巾经过折叠之后，用古典的棉质装饰布条系好，系紧之后仿若一根飘带。具有20世纪40年代古朴气质的装饰布条，与其装饰性的编织花边，相互搭配得天衣无缝，这种造型最初是在一家集市中尚未开放的杂货铺的货物中寻觅到的。

褶边

这一种无可挑剔且精美雅致的餐巾折花，是茶会风格餐具摆台的经典之作。一块经过上浆之后非常挺括的亚麻餐巾，最适合这种折叠方式，因为餐巾经过折叠之后，必须要保持住折痕的坚挺，并且还要保持住扇面的造型不变。要选择那些糖粉色、淡紫粉色的餐巾，以回应那些蓝色的，或者其他已经褪色了的餐巾，用来与经典风格的餐具起到互补作用。用一根漂亮的与餐巾颜色搭配的丝带将餐巾系好，以完成褶边餐巾折花作品。

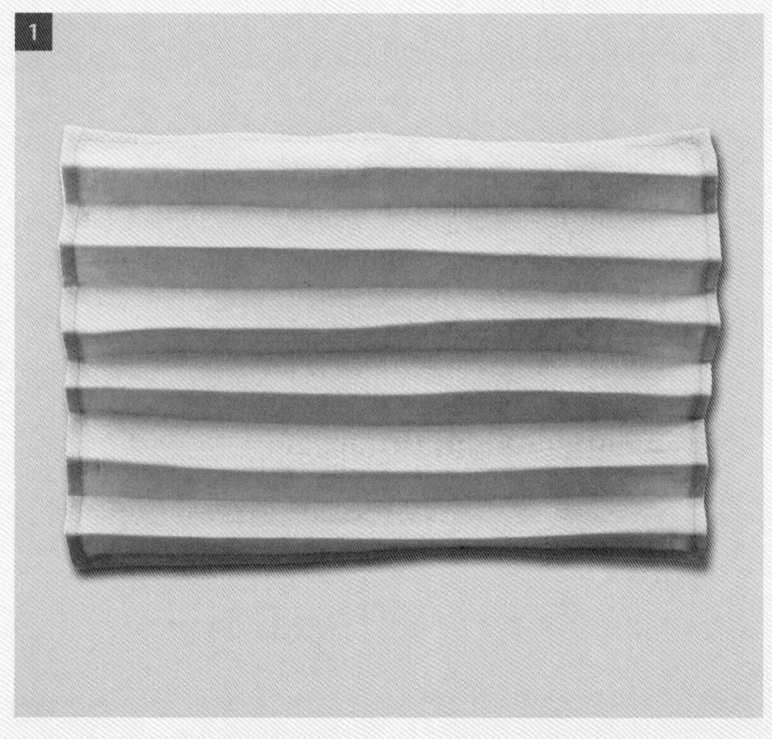

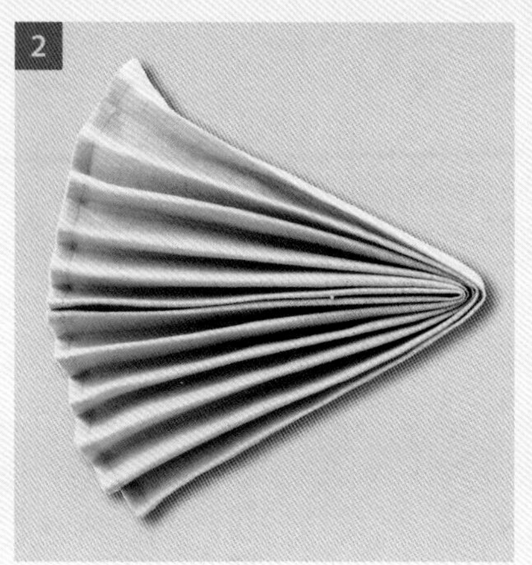

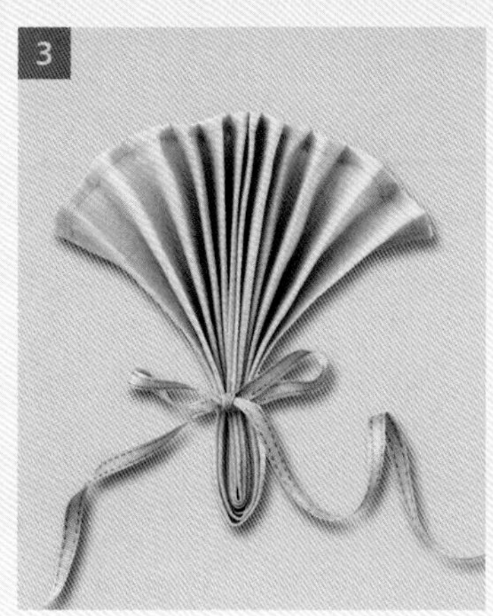

1 在一块展开的方形餐巾上按压并喷洒淀粉上浆定型，将餐巾从底边开始往顶边位置折叠，折成手风琴造型。在折叠餐巾时，将每一个折痕都分别上浆并熨烫，这样折叠之后的皱褶足够坚挺，摆放好的餐巾会像手风琴的造型一样竖立起来。按照这种方式继续折叠，直到将整块方形餐巾都折叠出明显的折痕。

2 将折叠好的带有折痕的餐巾对折到一起，将餐巾两端的折痕固定好。

3 在餐巾底部朝上大约 5 厘米位置处，用一根丝带将折叠好的餐巾缠好系紧并展开，让折痕朝上，呈扇面造型，根据需要，摆放到餐盘上展示。

花束

这是一种折叠方法非常简单的餐巾折花，非常适合使用带有花卉图案，质地轻盈、雅致的面料制成的餐巾来折叠。这种餐巾折花方法不需要对餐巾进行熨烫，因为折好的餐巾效果要轻盈而柔软，而不需要硬挺。如果使用的是花卉图案面料的餐巾，那么就要选择白色、奶油色，或者浅粉色的素色餐具。这里使用的一个做工简单的餐巾环就是一个不错的主意，因为这个餐巾环没有喧宾夺主。

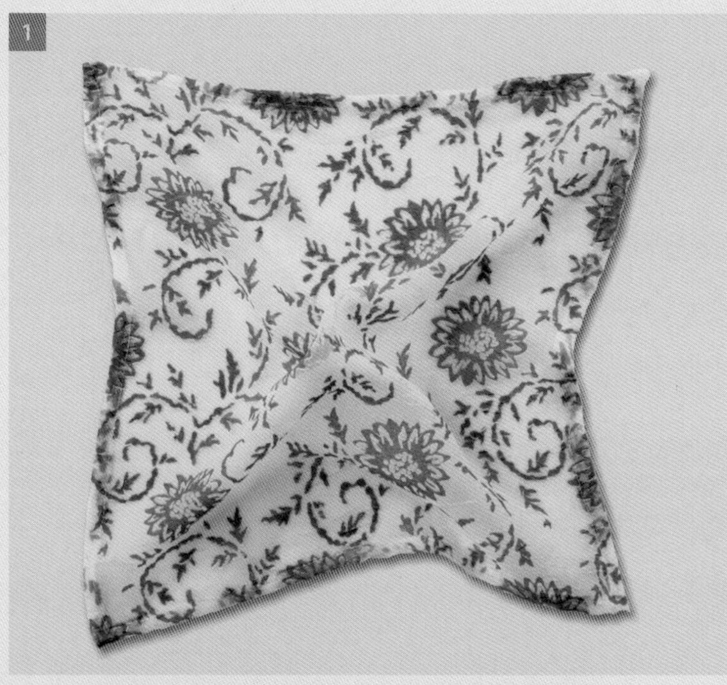

1 首先，找准餐巾的中心点。用手指将中心点的餐巾抓住提起，让餐巾的其他部分披散开。

2 将中心点呈尖角的餐巾部分从餐巾环中穿过，直到大约餐巾尖角往上 5 厘米处。

3 将披散开的餐巾部分整理成一朵美丽的花束造形，并根据需要摆放在餐盘内展示。

白里透白

白色的锦缎餐巾或者亚麻布餐巾是在正式宴会场合下使用的最传统的餐巾——现洗涤好，上浆后熨烫至挺括，摆放到折叠得毫无瑕疵的，有着一条明显的熨烫过的折痕且沿着餐桌的中心线垂直延伸而去的桌布上。为了让桌布上的折痕尽可能地保持挺括，以前桌布都是使用高压熨烫至定型。

在正式宴会场合下，使用白色的餐巾有着很悠久的历史，在过去，使用白色的餐巾是一个重要的标志，表示餐巾洁白无瑕，并且没有被使用过。在我们最吉祥如意的场合下应该毫不吝啬地使用白色餐巾——餐巾越大越好——并且因为餐巾的挺括性，可以折叠起来，从而与餐桌上的玻璃器皿、银质餐具以及桌布等交相呼应，以彰显出奇妙的、晶莹剔透般的完美效果。

低调中的优雅

熨烫至挺括的白色桌布与洁白如玉的餐具一起，可以创作出一桌优雅华贵的餐桌摆台。再使用琳琅满目的鲜花对餐桌进行装饰。

变化多样的主题

用丝带捆缚好的餐巾：丝带上系着一颗纽扣，将绸缎制成的餐巾卷成圆柱状，缠绕上一颗完美无瑕的珍珠，将餐巾扣紧，用于这一主题的餐巾折花造型，有三种赏心悦目的变化。

细节装饰

一角洁净的白色餐巾，从盘卷成规整造型的，恰好与餐碗的大小相称的餐巾中伸展而出，给这个成套的洁白的餐具摆台增加了些许趣味性。

传统的手绣文字

这种有着手绣文字的，由法国织花棉布和织花亚麻布制成的餐巾，精美且具有收藏价值，可以追溯到1880年到1920年。

正式宴会餐具摆台

为了保持餐具摆台的精确程度和正规程度，餐椅在餐桌的一侧整齐地一字排开。长长的白色隔板上摆放着制作精美的蛋糕，作为餐具摆台的装饰背景。

扇面

“扇面”造型的餐巾折花是许多餐厅的挚爱，并且其造型简单易做。需要使用较厚重的锦缎棉布餐巾或者亚麻布餐巾，以最大限度地突出折好的褶痕效果。而其“尾部”用来将扇面造型的餐巾稳固地支撑在餐盘内。

1 给餐巾上浆是折叠扇面造型的餐巾的关键步骤，否则扇面就不会在餐盘内挺拔地竖立起来。在折叠之前，先把餐巾完全上浆，然后将餐巾对折成一个长方形。要折叠出扇面造型，从长方形餐巾的短边开始，以均匀、等距的方式折叠，每一个折痕的宽度大约是 2.5 厘米。在折叠的过程中，每折叠一次都要上浆并熨烫，这样当平放餐巾的时候，这些皱褶能够像手风琴一样足够硬挺而不变形，按照此种方法继续折叠，直到将餐巾的一半折叠成带有非常明显的皱褶。

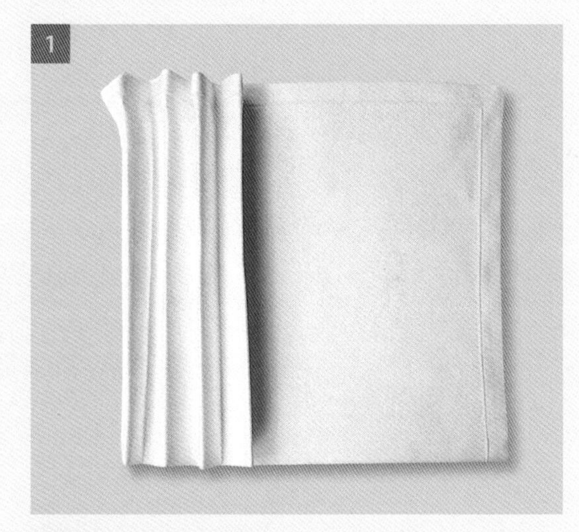

2 将餐巾纵长对折，折好的褶皱应该在对折好的餐巾外侧，这样餐巾就可以像扇面一样展开，餐巾对折后开口的一边应该是在朝上的位置。

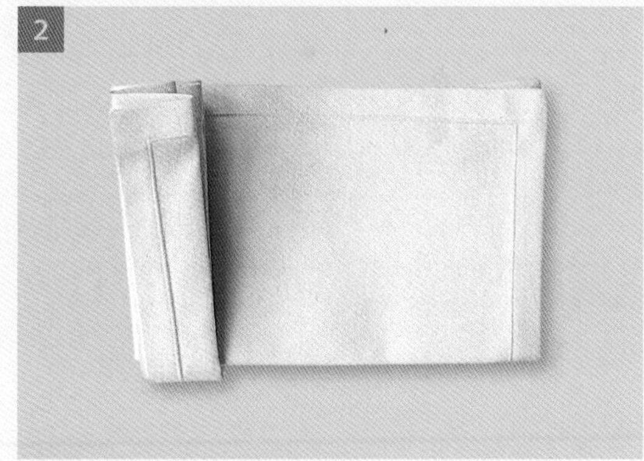

3 将餐巾上没有皱褶的那一部分呈对角线地朝上折叠好，以防止顶部折好的扇面散开，沿着底边将底部餐巾呈条状折叠，形成支撑扇面的底部位置。最后，将折叠好的皱褶全部展开，呈扇面形。

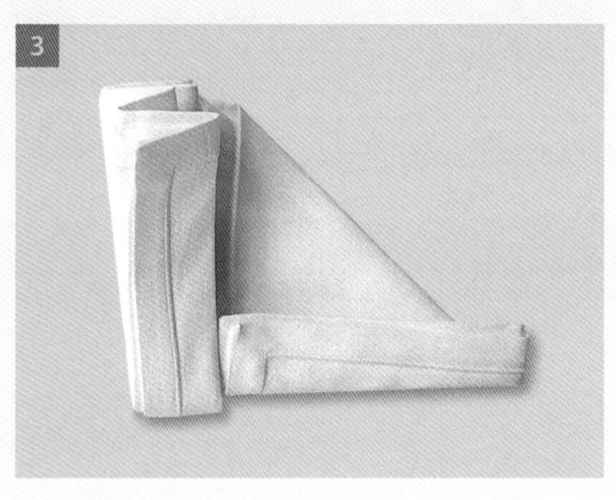

麦秆

折叠“麦秆”需要使用厚重的锦缎或者亚麻布餐巾，以确保在折叠好之后能够稳固地站立好。这种气势磅礴的餐巾折花最适合正式的晚宴场合。其时髦的、整洁的、成行的排列，以及其一目了然的高度，为亲朋好友的正式聚会创造出一个完美的场合。这种餐巾折花非常适合在周年纪念日晚宴，或者婚庆聚会中使用。

1 在一块展开的方形餐巾上熨烫并喷洒上湿淀粉上浆，将餐巾折叠至其大小的四分之一，将其散开的四个角那一面朝上摆放好。将底部的折角朝上折叠，离顶部距离大约 5 厘米。

2 将餐巾从左朝右翻扣过来。

3 将两侧边角朝里折叠，使其两个边角重叠，将上面的边角塞入另外一个边角的缝隙中。将折好的餐巾撑开，呈圆柱形，根据需要摆到餐盘中展示。

晶莹辉耀

对于家庭成员和亲朋好友们来说，节假日期间大家欢聚一堂就是最美好的时光。美轮美奂的节日餐桌布置就是简单的装饰并充满吸引力。因此可以提前做好准备工作，并保持简洁唯美的风格。温馨、舒适的质感，富丽堂皇的色彩和摇曳闪烁的烛光，就是你布置出一张让所有家庭成员乐在其中的装饰精美的餐桌时所需要尽心尽力去做的事情。

细节装饰

用蜡烛和自制的装饰品为你的节日餐桌摆台增添一抹闪耀的亮色。在节日的摆台布置中，金色和银色永远都是最佳的选择。对你的客人来说，林立的蜡烛会营造出一种引人注目的氛围。要制作出这些被霜花所覆盖的原木餐桌装饰，可以将漂白的树枝（可以从大多数的花店里购买到）插入湿润的花泥中，然后在上面覆盖上一团白色的羽毛（这里图示的羽毛来自一件旧的羽毛长围巾）。

暖色调（最右侧图）

这种白色的餐桌布置将趣味性融入情景之中，有一点节日的韵味，但是朴素的瓷器餐具和有限的色调保持着含蓄和时尚的节奏。

欢快的树叶（右侧图）

用柔韧的树枝将餐巾系好（细桦木枝是理想的选择），然后塞进一小束绿树叶和雪浆果。可以将餐巾摆放到一个盛有松果和绿色植物的篮子里。

华美造型（上图和右侧图）

带有更亮丽装饰颜色的柔软的格子花呢桌旗，给这张餐桌摆台带来一种传统的韵味。格子花呢丝带和海葵花对于制作餐具环来说，都是极具吸引力的选择。此外，餐桌中间的蜡烛被一组极具特色和观赏性的甘蓝菜及更多的银莲花所环绕。

幸福温馨的圣诞餐桌

一张布置简单的餐桌仍然可以充满喜庆气氛，所以从斯堪的纳维亚人那里获得灵感吧，他们把那些手织的圣诞装饰物打磨到了看起来完美无缺的地步。坚持使用天然色彩和自然纹理，一块古色古香的亚麻布或一条毛毯就可以做成一块有质感的桌布。

你不需要为布置圣诞餐桌去购买很多的节日小装饰物。只需提前计划一下，就会很容易凑齐布置出一张极具吸引力的餐台所需要的许多材料。翻箱倒柜地找出一条古色古香的毛毯或一条麻布/粗麻布桌旗用来作为桌布，然后在桌布上面摆放上一些质朴的、暖色调的餐具和手工制作的配饰。发挥你的创意，用彩色毛毡、漂亮的丝带和其他节日装饰品做成独具特色的餐垫或者餐巾环。

别具一格（上图和下图）

挺括的白色、奶油色或红色锦缎或亚麻餐巾，都很适合假日期间愉快的就餐气氛。使用餐巾环并据季节性的变化，加入金色和红色的装饰，让你的餐桌变得亮丽起来，并变幻出一些所要营造的节日氛围，让这个场合显得与众不同。

营造匠心独运的效果。个性化细节，比如所提供的独立包装物品，可以使用“节日礼物”餐巾折花（下页图）方式折叠餐巾，并在所有的餐巾上绣上客人姓名的首字母，这会让他们感觉到自己特别受欢迎。

节日礼物

许多主人家都喜欢给他们的客人赠送一件小礼物，一个行之有效的方法是将放在盒中的小礼物用餐巾包裹起来。这个小礼物可以根据现场情况而定，可以在晚宴刚开始的时候送给客人，也或者直接带到宴会厅，捆缚好，在甜品上桌之前摆放到餐桌上。

1 你需要一块大的，可以用来轻松包裹好礼品盒的餐巾。如果你希望餐巾的边角能够衬托出礼品盒的形状，应该将餐巾上浆或者使用硬质的面料，如塔夫绸之类的面料制作而成的餐巾。把礼品盒呈一定角度地摆放在餐巾的一个边角上。

2 拿起餐巾上两个相对的边角，把它们从礼品盒上方相交到一起。将边角卷紧并朝下从礼品盒上方覆盖过去。

3 将每个长边多出的餐巾部分折叠好，形成窄的条形。

4 小心地拿起包装好的礼品盒，将其翻转过来。将两头系紧。此时礼品盒是正面朝下，所以要小心谨慎些，确保你的礼物在礼品盒内平安无虞。当你的客人打开餐巾时，这应该是正确的放置方式。

婚礼

在婚礼上，餐巾对于保护精致的婚礼礼服和潇洒的西装不被溅到和洒上酒水汤汁来说是至关重要的物品，同时它们也给了你一个去充分展现想象力来决定如何将你的餐巾呈现给客人的大好机会。精心挑选出品质最好的餐巾会为你摆设的餐具增加简约优雅的风范。细亚麻布，硬挺的锦缎，或者轻薄的透明硬纱等，所有的这些选择都会与餐具搭配得非常好。配饰和装饰物品应简单轻巧但却引人入胜，例如花园中的绿叶和长长的丝带等。

优雅而实用（上图）

上浆后硬挺的餐巾既美观又实用。可以将餐巾折叠好之后用来为每个餐位上的客人盛放面包棒。配汤一起享用。通过使用白色餐巾，与选择好的主题颜色可以互不干扰。而塞入餐巾中的一枝绿叶又形成了颜色上的反差。

完美风格（下图）

为了这个洁白无瑕的餐台布置，餐巾用金色丝带在中间位置系好，并摆放在餐盘之上。席次卡安放在银色的席次卡座上，摆放在每个餐盘的左侧位置处。

大喜之日

一张经过精心布置且摆放到位的餐桌是一种视觉上的享受。它不仅看起来魅力无穷，而且可以让客人感觉到宾至如归。先将餐巾对折，然后再折成三等份，分别摆放在每一个餐盘的中间位置上（也可以摆放到左侧位置处）。手工采摘的小把玫瑰花束给这个主题餐桌情景增添了极具个性化的特色。

Ella

婚宴餐桌上所用的桌布和餐巾可以使用棉布、亚麻布或者是人工合成品等制作而成的各种纺织品或者各种成品等，花缎是最经典的选择。可以用五颜六色的，或者白色、象牙色和奶油色等颜色的餐桌用布。中性的背景色是最容易相互搭配的颜色。但是彩色餐巾看起来非常美观，特别是白色的布料上如果有一到两道柔和的色调形成明显的对比时。为了给餐桌增加更多的趣味性，餐桌用布可以层叠铺放。同样，可以在桌布上铺设桌旗，以增加质感、样式和色彩。

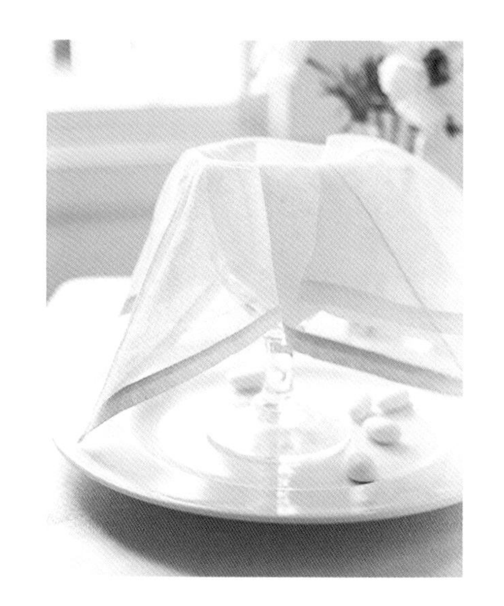

炫目的装饰（上页所有图）

一根时尚的，仅仅简单拧成结的丝带，一件物美价廉的珠宝饰物，也或者是一张能够塞入餐巾环中的席次卡等，都是可以用来装饰和修饰婚宴餐桌上餐巾的方法。

聚焦点（下图）

通过在餐桌上添加一个花卉装饰花台，让你的婚礼餐桌变得生动活泼起来。装饰插花是最常见的选择，但是精心布置的植物枝叶也非常引人注目。为每一位客人奉送上其个人专属的花束，增添了一种个性化风采。

洋溢而出（上图）

呈现在一个空葡萄酒杯里，飘散而下的一块透明的餐巾产生了一种有趣而时尚的效果。

百合花（百年好合）

“百合花”餐巾折花，与著名的百合花的形状遥相呼应——百合花或者鸢尾花被仿效并广泛运用到装饰设计或者标志中。它通常会出现在许多军服和旗帜上，并且尤其与法国君主制有关。用上过浆的亚麻布餐巾来折叠，以便使其顶部的尖角和外层的花瓣能够保持其大气磅礴的造型。这种漂亮的餐巾折花是花园主题餐桌的完美选择。

1 将一块展开的方形餐巾熨烫平整并上浆。按对角线对折，将顶端尖角朝底端尖角处折叠，形成一个大的三角形。

2 把三角形两侧的尖角分别朝下折叠，与底角相交。

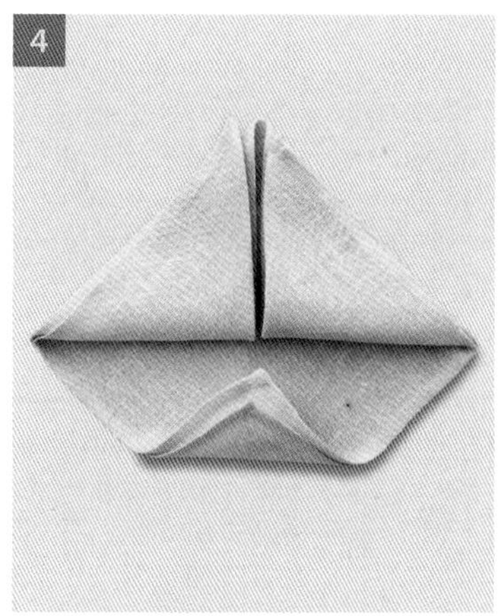

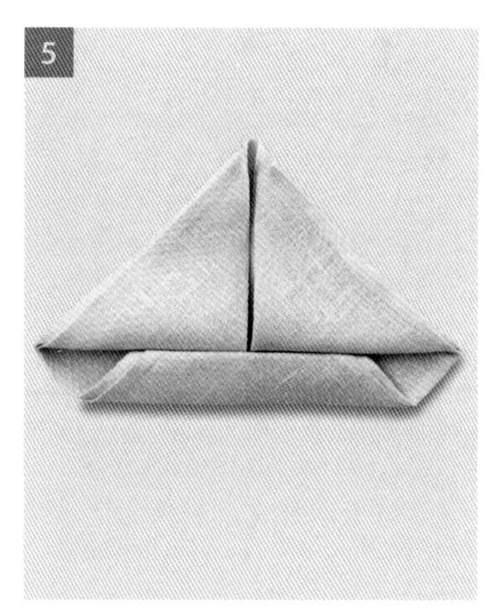

3 将朝下折叠好的这两个尖角再朝上折叠至顶端的尖角处。

4 将餐巾底部的尖角朝上折叠至餐巾中间的位置。

5 把底部的餐巾折边朝上折叠至中心位置，形成一个长条形。

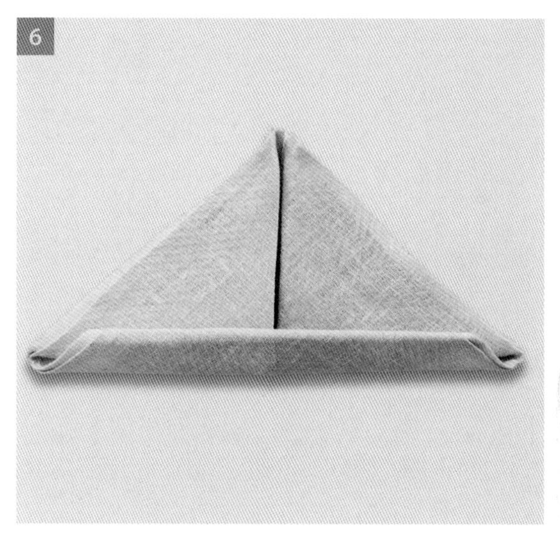

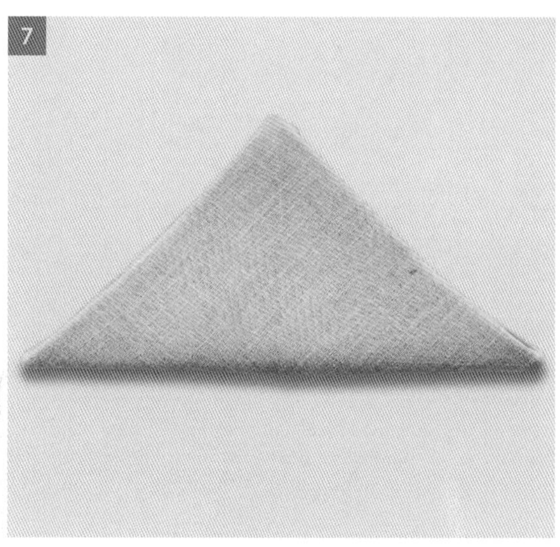

6 把刚刚折叠过来的条状餐巾朝上折叠一次，这样它就刚好覆盖过中间位置的餐巾。

7 将折叠好的餐巾从左到右小心地翻扣过来。

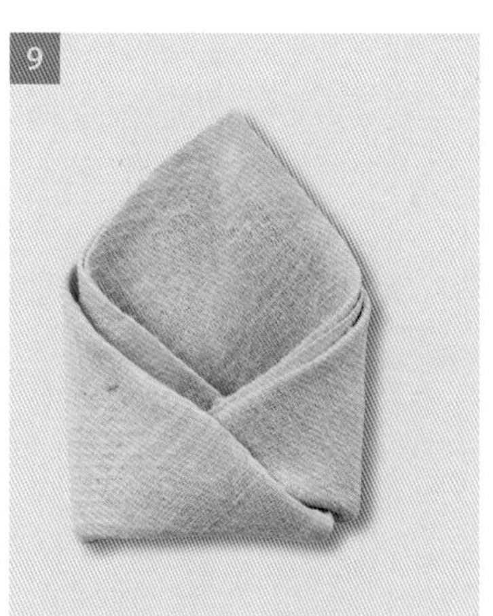

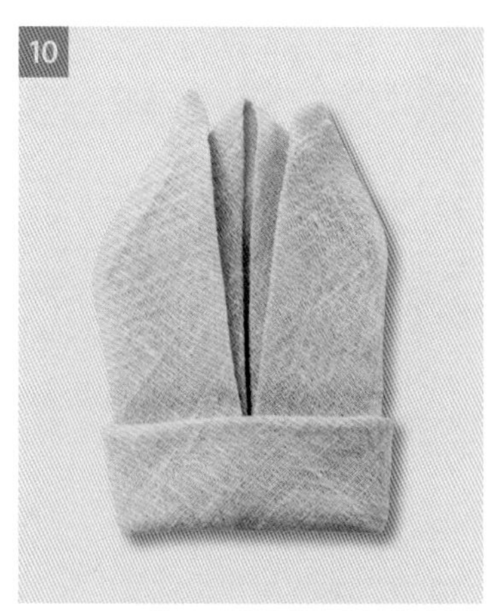

8 将左侧餐巾三分之一的尖角朝向右侧折叠。

9 将右侧尖角塞入左侧折痕中间的折缝处，形成一个口袋。

10 把折叠好的餐巾撑成圆形，这样折叠好的餐巾就会非常规整地直立起来。

守护（仪仗队）

将餐巾折叠成高高的造型，是将餐桌布置增加垂直高度的一种奇思妙想。为了达到让餐巾硬挺的装饰效果，使用棉质或者亚麻布餐巾，并且在折叠之前上好浆是至关重要的步骤，否则的话，餐巾就站立得不够硬挺。

1 你使用的餐巾越大，完成的餐巾折花的高度就会越高。首先把餐巾对折成一个长方形，用你的拇指将折缝处按压出折痕，然后再把餐巾展开，这样餐巾就变得平整了。将餐巾的上下两半分别朝向中间折叠，使上下边缘部分在有折痕的中心线相交。用手指在餐巾的中心点将两条边连在一起并按压住。将每个边角以一定角度分别折回，这样就形成一个平面的风车形状。

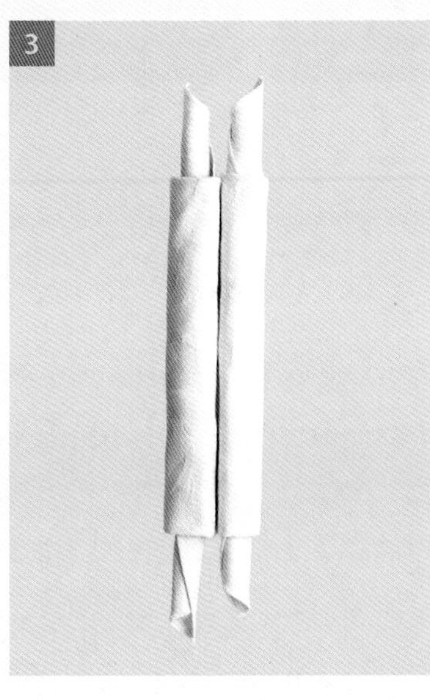

2 从餐巾较短的一边开始，把餐巾紧紧地卷起来，直到中心点位置处。把重物压在卷好的餐巾一侧，固定其位置不动，否则它会反弹回来。

3 把另外一边的餐巾也紧紧地朝中间卷，与另外一边卷好的餐巾挨在一起。拿起餐巾，将卷好的餐巾弯曲，使两端相接。将一副刀叉一起穿过餐巾底部，摆放在餐巾适当的位置处，并防止刀叉朝外滑动。

氛围烛光（左图）

利用在晶莹剔透的烛台上摇曳闪烁的烛光来增强气氛。现在让我们关掉头顶上的灯光，让黄昏降临……

一点小浪漫（左图）

将订婚戒指做成一个令人陶醉的餐巾搭扣，可以用于两人的浪漫周年晚宴。

华丽的装饰（左下图）

方块形的亚麻布被镶好边之后用来做成餐巾，在每一块餐巾的一个边角上都分别带有一颗多面形的铜纽扣。

奢华的面料（下图）

使用一块有着大量装饰图案，饰以珠宝色饰物的布料来增强气氛。这些用娟丽的锦缎丝带系着的巧克力色餐巾非常适合这个主题。

奢华的浪漫

即使是最简单的餐桌也可以通过精心的布置而用作浪漫的晚宴。可以用深色、宝石色和低亮度照明的灯光来创造出令人惊叹的效果，可以使用有立体质感的餐具和晶莹剔透、装饰华美的玻璃杯，然后再加一点魅力四射的金色。在这种魅力无穷的背景下，可以给客人提供奢侈的、诱人食欲的美食佳肴：柔软而新鲜的无花果，丰富多汁的草莓，或者黑巧克力慕斯等。至于鲜花？当然是选择红玫瑰了。

两人餐台

因为只有两个人的餐具摆台布置，餐桌上有着充裕的空间摆放亮丽炫目和魅力四射的装饰。

帆船

“帆船”是一种气势宏伟，并且装饰效果华丽的餐巾折花，可以给各种用餐场合额外增添一种奢华的感觉。上好浆的、颜色浓厚的无花纹原色亚麻布餐巾最适合用来展示这种有着分层次质感的餐巾折花造型。这也是一种大个头的餐巾折花，因此一定要使用大尺寸的餐巾，以确保有足够的用料来完成折叠。

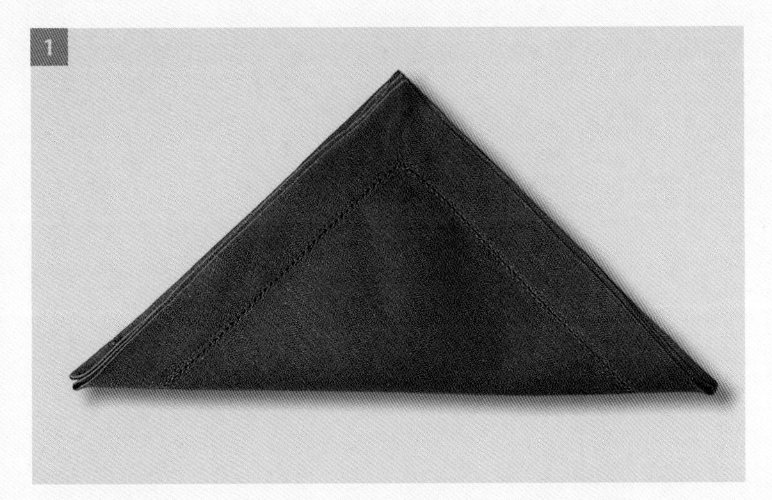

1 首先将餐巾熨烫至平整并上浆。将餐巾对折，然后再次对折，从而折叠成有原来展开餐巾四分之一尺寸大小的方块形。把这个方块形餐巾按照对角的方向对折，形成一个三角形。将餐巾按照三角形的直角朝上摆放好，此时没有折痕的松散的角在最上方，而不是有着折痕的边角在最上方。

2 捏好最上面的尖角，将两边的边角朝下折叠，这样两个边角就会在餐巾折边的下方。

3 将餐巾从左朝右翻扣过去。将其中一个底角越过折痕朝上折叠。另外一个底角也如此重复折叠好，这样你就折叠出一个细高的三角形。

4 将两个边角一起朝里折叠，让折叠好的两个底角三角形折痕在里面的位置上，然后将餐巾翻转过来，这样餐巾就会坐落在折叠好的三角形底座上。要折叠出最后帆船上的船帆，将单层的尖角按照一定的距离，分别依次地伸拉出来。

热带绿洲

对于一个热带主题的聚会来说，总会有一些独具特色的东西让人流连忘返。在任何场合之下都会带来轻松愉快和不拘礼节的氛围，是户外用餐主题的绝佳选择。不管你是拥有屋顶露天阳台，一个小型的后院，抑或是一个可以漫步其中的乡间花园，对于夏日午餐聚会来说，户外娱乐是最完美的解决方案，并且装饰餐桌是再容易不过的事情。降低你的关注点，用简单的瓷器，美轮美奂的玻璃器皿和大量的鲜花让餐桌变得极具吸引力。

大胆的亮色（上图）

充满活力的丰富色彩为餐桌布置增添了欢乐的气氛和趣味性。

美丽的图案（下图）

亮丽的印花图案非常适合这个异国情调的主题餐桌。可以尝试着把冰沙和印花餐巾搭配在一起服务，为你的客人创作出一种热带风情般的享受。

鸡尾酒餐巾（下图）

色彩艳丽的日本手帕是小的鸡尾酒餐巾的理想选择。

在粉红色的户外娱乐活动氛围中，会让你有机会充分地利用你的花园景色。使用环绕在你花园周围的丰富的色彩，来作为你餐桌主题方案的灵感。这里图示的是，装饰墙上亮丽的粉红色又重现在餐巾上，而餐桌上盛开的鲜花营造出了一个生机盎然、色彩斑斓的餐桌布置。

极乐鸟（天堂鸟）

这种经典的，源自折纸灵感的餐巾折花，使用一块粗犷的，带有装饰图案的织物做成的餐巾效果最好，将餐巾涂上一层厚厚的浆，用来将鸟的翅膀定型到位。“天堂鸟”餐巾折花适用于一桌非正式的午餐宴会。它的异国情调和装饰风格会让你的朋友和参加晚宴的客人惊喜连连。

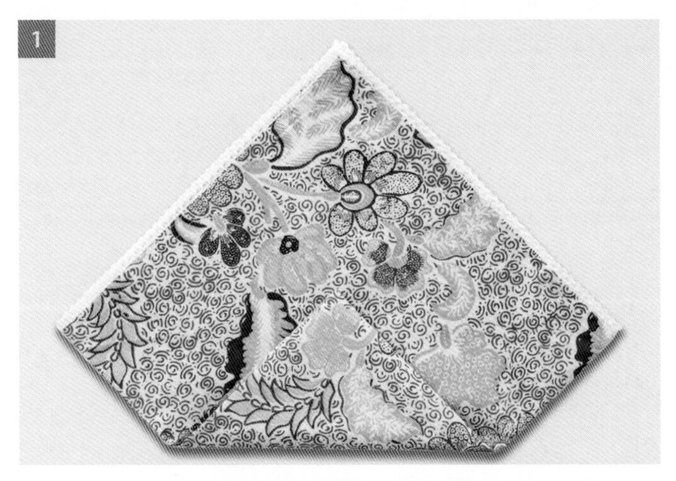

1 将一块展开的方形餐巾熨烫好并上浆。将餐巾折叠成四分之一大小的方块形，将其四个单层的边角朝下摆放在底部的位置。将底部单层的边角朝上折叠到顶端边角的位置，形成一个三角形。用拇指将折边处按压出折痕。

2 将两侧的边角分别朝向中间位置折叠，并用拇指将折边处按压出折痕。

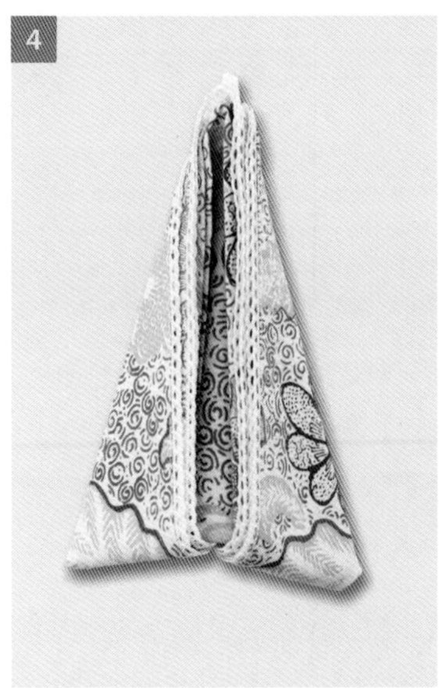

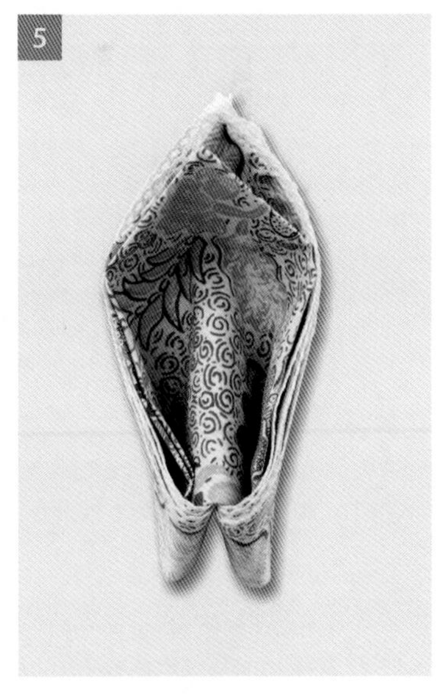

3 将底部折边下方的两个边角朝背面上方分别折叠过去。

4 将餐巾对折，将左边一半的餐巾朝后折叠到右边一半餐巾的背面位置。

5 将底部的餐巾固定在适当的位置，将单层的餐巾边角一个一个地依次伸拉出来，像扇面一样随意地展开餐巾即可。根据需要，摆放在餐盘内展示。

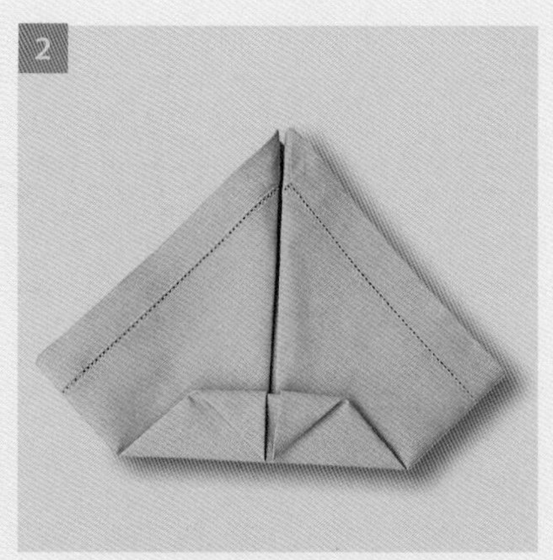

1 将餐巾熨烫好并上浆。然后按照对角线对折成一个三角形。此时三角形餐巾的折边是在靠近你身体的位置处，将一个三角形的边角朝上折叠至顶角的位置。将另外一个三角形的边角也朝上折叠至顶角的位置，与另一侧折叠好的折缝完全挨在一起。这样你就折叠好了一个正方形的餐巾，其中一个边角是在朝下的位置处。在两条折边相交的地方有一条垂直的接缝。

2 将正方形底部的边角朝上折叠，然后再将边角朝下折叠回来，这样其边角的尖角恰好位于底部边缘的位置处，垂直缝对齐。用拇指将折边按压出折痕。

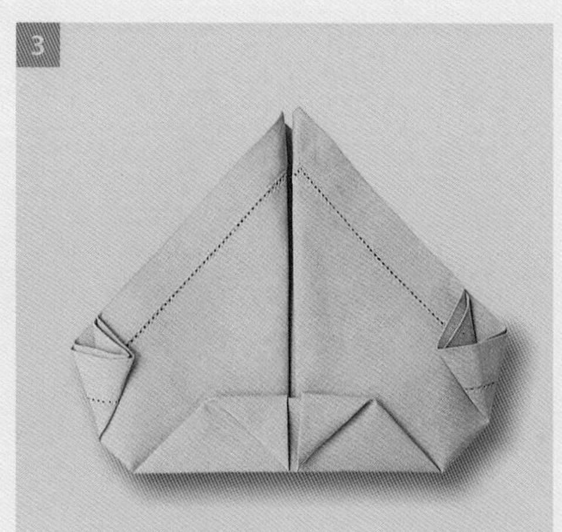

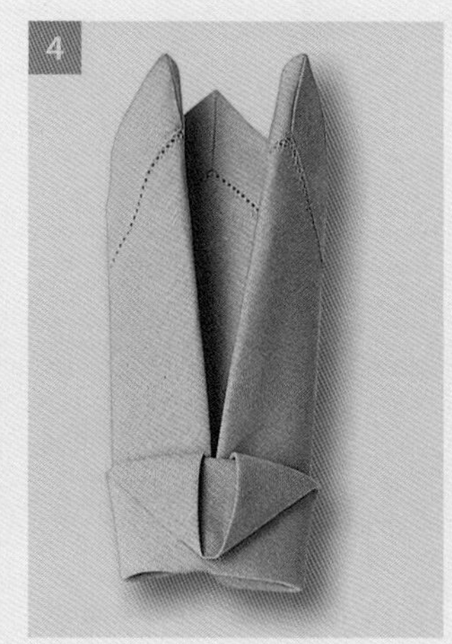

3 将左侧边角朝里折叠，将你的手指伸进折叠好的边角里，将边角撑开，然后按压平整，呈风筝形。按同样的方法将右侧边角折叠好并撑开，然后按压平整，呈风筝形。

4 拿起餐巾，将两侧的边角分别绕到后面，并相互塞到一起。后面塞在一起的两个边角会有助于支撑着餐巾站稳，并且在餐巾竖立起来的时候，能够让餐巾挺立。

5 将外层两个宽松的尖角分别朝下折弯，并且确保它们没有松散开，将其尖角塞入底部的折缝里。不要按压出折痕，柔和的曲线会给人带来更加愉悦的感觉。

百合花饰（法国百合）

一种折叠技法高超的、高高耸立的餐巾折花。因为“法国百合”坐落在餐盘内的高度非常显著，可以造成一种非常引人入胜的装饰效果。适合在华丽而喜庆的场合下使用。

务实之感（左图）

两块方格布餐巾包裹着冰淇淋甜筒，给户外聚会增添了乐趣。对于之后冰淇淋不可避免的融化过程，方格布餐巾终于有了用武之地。

别具一格（下图）

选择一个柳条篮子来盛装你当天需要的所有物品，并且将重要物品用系有漂亮蝴蝶结的餐巾包裹好，以在运输过程中起到保护作用。

质朴格子布（上图）

一块活泼质朴的格子布是用来包裹一道休闲午餐食物的理想餐巾。

怀旧的魅力（上图）

经典的法国方格棉布餐巾有一种亲切的怀旧魅力。

户外盛宴

并不会因为你仅仅是在户外用餐，就意味着你没有充分利用这种主题的机会。只要你稍微动一点小心思并付诸行动，你就可以把兴之所至的一顿野餐变成一场令人难以忘怀的聚会。首先选择出众望所归的地点，然后在草地上铺上一块柔软的毛毯，用可充气的布料在毛毯上搭建起一个顶篷。几束枝叶、一块长长的平纹细布和一些雏菊花环装饰物，会把公园的一角变成你自己专属的小绿洲。

口袋（餐巾袋）

“餐巾袋”是最适合户外用餐的餐巾折花，因为餐具可以整齐划一地塞入折叠好的餐巾中。可以利用这种时尚而实用的餐巾折花为室外烧烤或者野餐服务。一块与你的主题颜色方案相互搭配的灵动的、颜色深浅不一的方格布，是你实现一个时尚的户外聚会的完美选择。

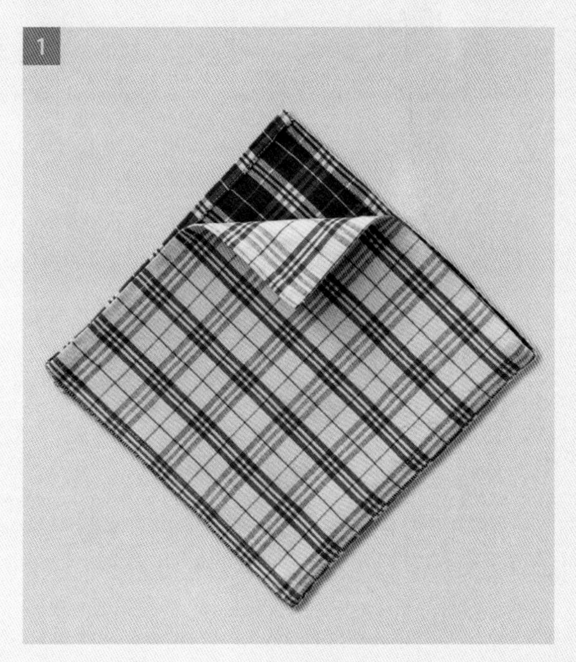

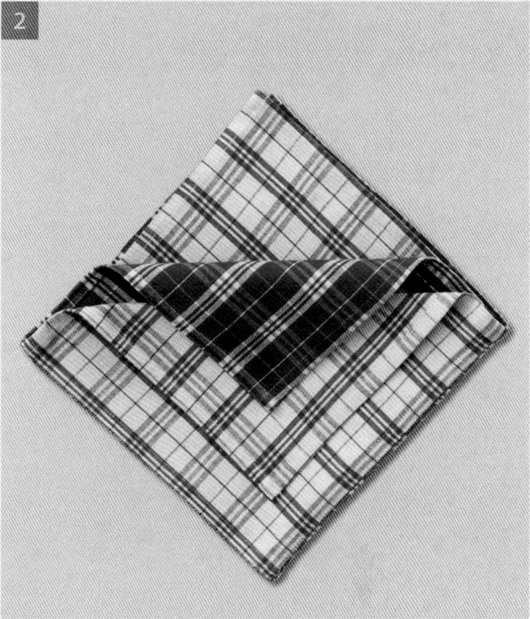

1 将一块展开的方形餐巾熨烫好并上浆。将餐巾折叠成四分之一大小的方块形，四个没有折缝的单层餐巾所在的边角朝向最上方的位置。将顶部边角最上层的一个边角朝下折叠到底部边角上方所在的位置上。

2 将顶部边角第二层的边角朝下折叠到第一层边角上方所在的位置。

3 将餐巾两侧的两个边角分别朝后折叠，用拇指分别按压出折痕，并确保两侧的折痕均匀平整。将刀叉塞入餐巾折叠之后所形成的袋状缝隙中，并根据需要摆放在餐盘中展示。

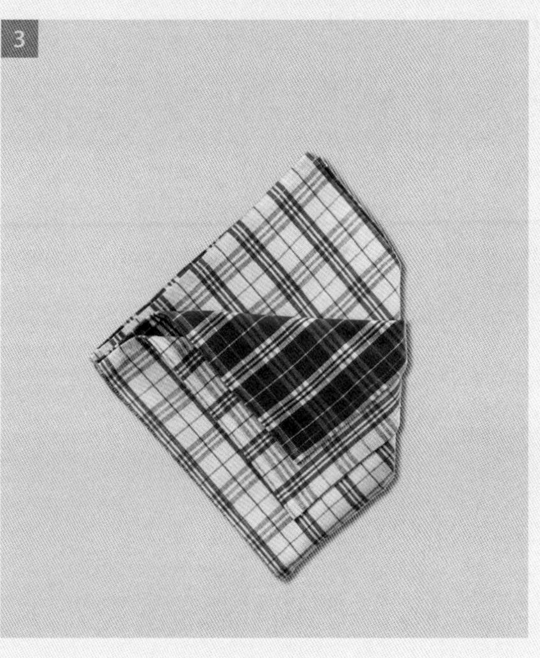

滨海风情

在一个温暖宜人的夏日时节，还有什么能够比一个兴之所至的烧烤更令人惬意的呢？这个主题不需要花费太多的心思去策划，并且比一桌正式的晚宴会有更多的欢歌笑语。要确保你有足够多的令人舒适的座位，并且如果是在晚上举办的活动，需要有充足的照明。为什么不试试将这个装饰主题运用到餐桌上呢？比如这种滨海风情的创作灵感，搭配组合到一起非常容易，并且看起来赏心悦目。

野营畅想（下图）

坚固的野营饭盒可以用来作为面包、水果，甚至是餐具等的富有创意灵感的盛器，并且增添了不拘礼节的户外用餐的随意感觉。

蓝色海洋（下图）

这些餐巾是用制作男士衬衫所用的条纹布制作而成的，增加了一点幽默感。有条纹的蓝色餐巾适合搭配白色的餐盘和一块蓝色的桌布。

海滨条纹（下图）

可以将一副条纹状的洗碗巾切割开，并制作成一组餐巾。在海边散步时可以收集些贝壳，用来制作成天然的餐巾环。

一帆风顺

将一个特色鲜明和轻松愉快的航海主题用于烧烤是非常理想的选择，也非常容易进行安排。在餐桌上铺上一块条纹桌布，把食物和餐具堆积到野营箱里。利用绳索和小帆船钩来捆缚餐巾（大多数的船具用品商店里应该会有样式齐全的物品供选择购买）。

照明（上图）

在一场烧烤晚会上，在餐桌上要使用足够多的蜡烛，以确保你有充足的光线照明。

礼服

“礼服”是一种构思巧妙的餐巾折花，并且非常容易掌握，特别适合在自助餐时使用，或者是在需要客人一次性地接收到餐巾和餐具的场合下使用，以及在考究的野餐会或者是户外宴会场合下使用，此时，餐具可以将桌布固定住。还可以将一张席次卡或者芳香的香草塞入餐巾的一个折缝中，用来提供个性化的服务。这种折花最适合使用大尺寸的正方形素色餐巾来折叠。为了取得最佳效果和真正清晰硬挺的折缝，在开始折叠之前，首先要将餐巾熨烫平整并上浆。

1 将餐巾对折，然后再对折一次，形成一个只有原来展开餐巾四分之一大小的正方形餐巾（如果你要使用折叠好的餐巾来盛装餐具，这时候要检查对比一下刀柄对于折叠好的餐巾来说，是不是太长，如果刀柄太长的话，你就要使用尺寸更大一些的餐巾来折叠）。将单层开口没有折痕的餐巾边角位置朝向右上角的方向。将右上角最顶层的边角朝向下方底部对面的边角处折叠，这样就形成了一个三角形。

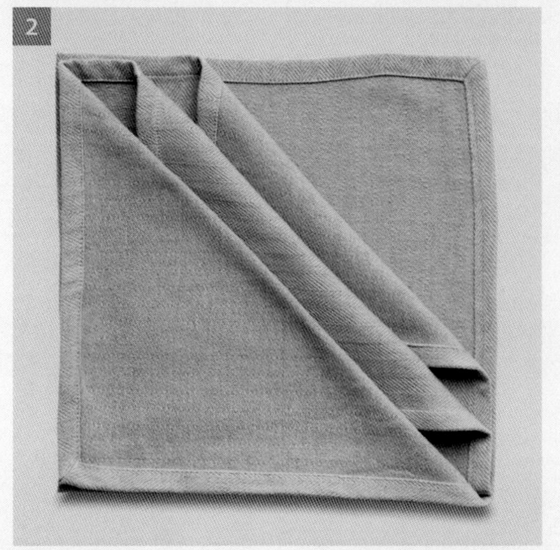

2 依次将右上角后面的两层边角分别朝下折叠，不要折叠到底部的边角处，而是依次将折叠过来的边角塞入先前所折叠好的缝隙中，这样就形成了一个涟漪般的效果。当你对按照一定比例折叠的效果感到满意的时候，用你的拇指将这些折缝处按压出折痕。

3 将右侧三分之一的餐巾朝背面折叠过去，包括已经折叠好的所有层次的餐巾部分，然后将左侧三分之一的餐巾也朝背面折叠过去，最后将你的餐具或者其他的装饰物品顺势插入餐巾的折缝中。

餐桌摆台

就餐桌摆台布置而论，不要过于在意那些繁文缛节或者习俗惯例。餐桌摆台的目的非常简单，就是只要是菜单上有的菜肴，就在餐桌恰当的位置上摆放上使用称手的餐具。这一部分的内容，就是从一些经典的餐具摆台形式开始你的餐具摆台之旅。

这种最基本的餐具摆台可以适用于任何非正式的西餐用餐场合，并且可以根据所提供的菜品不同而进行适当的调整。餐具被摆放在供用餐者最方便取用的位置上：餐叉摆放在餐盘的左侧；餐刀和汤勺摆放在餐盘的右侧，而甜品叉和甜品勺则摆放在餐盘的上方，餐具柄摆放在对应着客人要取用它们的手的方向。玻璃杯被摆放在右上角的位置，最大的酒杯(一般是红葡萄酒杯)摆放在最后面，便于摆放整齐。

1 简单折叠好的餐巾	**6** 甜品勺
2 餐叉	**7** 甜品叉
3 餐盘	**8** 白葡萄酒杯
4 餐刀	**9** 红葡萄酒杯
5 汤勺	**10** 水杯

对于一桌正式晚宴，您或许想要挑选使用包括更多餐具的更加正式的餐具摆台。在这种情况下，所有用餐时要使用到的餐具都可以摆放在餐盘的两侧，并且应该从外朝内摆放到位，这样食用第一道菜肴所使用的餐具就会在最外侧（这样最方便取用），并且甜品勺和甜品叉在最里侧。用于盛放面包的旁碟（面包盘）可以摆放在左侧，如果你想给客人提供黄油刀，可以横着摆放在面包盘上，与餐桌边缘方向一致。

1 简单折叠好的餐巾
2 旁碟（面包盘）
3 餐叉
4 甜品叉
5 餐盘
6 甜品勺
7 餐刀
8 汤勺
9 白葡萄酒杯
10 红葡萄酒杯
11 水杯

如果你要给一桌正式的下午茶提供服务，不管提供的是什么食品，你都要确保准备好与之配套使用的餐具。你或许需要一把黄油刀，一把糕点叉，甚至是一把餐勺，用来享用特别提供的奶油蛋糕。这些器具应该都摆放到餐盘的右侧，而餐巾摆放到左侧（或者根据需要摆放到餐盘上）。服务一顿规模像样的正规下午茶，一定要使用品质最好的茶杯和茶托（茶碟）；而使用马克杯则不会给你带来同样的效果。

1 简单折叠好的餐巾
2 旁碟（面包盘）
3 面包刀
4 甜品勺
5 糕点叉
6 茶托（茶碟）
7 茶杯
8 茶勺

与英式正式宴会的餐具摆台风格非常相似，美式餐具摆台也会将食用每道菜的餐具摆放到餐盘的两侧，从外朝里使用。这里图示的是，第一道菜是鱼类菜肴，因此摆放在最外侧的餐具是一套鱼刀和鱼叉。随后是食用主菜和甜品的餐具。美式餐具摆台倾向于将面包盘或者是沙拉盘摆放在餐盘的左上角位置，而不是摆放在餐盘的一侧。玻璃杯则按照标准的三角形布局摆放。

1 简单折叠好的餐巾
2 鱼叉
3 正餐叉
4 甜品叉
5 餐盘
6 甜品勺
7 正餐刀
8 鱼刀
9 白葡萄酒杯
10 红葡萄酒杯
11 水杯
12 面包盘或沙拉盘

与英式和美式餐具摆台不同，法式餐具摆台是将餐具正面朝下地摆放在餐桌上，并且使用一把大汤勺（椭圆形汤勺）代替圆头形汤勺。不需要摆放旁碟和黄油刀，因为面包都会直接摆放到餐桌上，并且一般不提供黄油。餐具按照标准的西方风格摆放，但有时候会使用刀架，这样餐刀可以再被摆放到餐桌上，等上奶酪这道菜肴时，重新使用，在法国，奶酪是在甜点之前服务上桌的。

1 简单折叠好的餐巾	**6** 正餐刀
2 正餐叉	**7** 汤勺
3 甜品叉	**8** 白葡萄酒杯
4 餐盘	**9** 红葡萄酒杯
5 甜品勺	**10** 水杯

中式非正式的餐具摆台

一个标准的西式主餐盘、旁碟和碗就可以很容易地摆成具有中式风格的餐具摆台，除此以外还需要几件特色餐具，以便让中式餐具摆台尽善尽美。你会需要一个无柄茶杯用来品味茉莉花茶或者绿茶，一把瓷汤勺(最好是和碗配套的)，蘸酱的小味碟，筷子和一个筷架。如果你同时提供汤菜和米饭，就要多准备一个饭碗，但是这个饭碗可以在需要的时候再摆放到餐桌上。对于没有使用筷子经验的客人，应该备好传统的刀叉等餐具。

1 餐盘	**5** 茶杯
2 筷子	**6** 汤碗
3 筷架	**7** 汤勺
4 味碟	**8** 小碟

日式非正式的餐具摆台

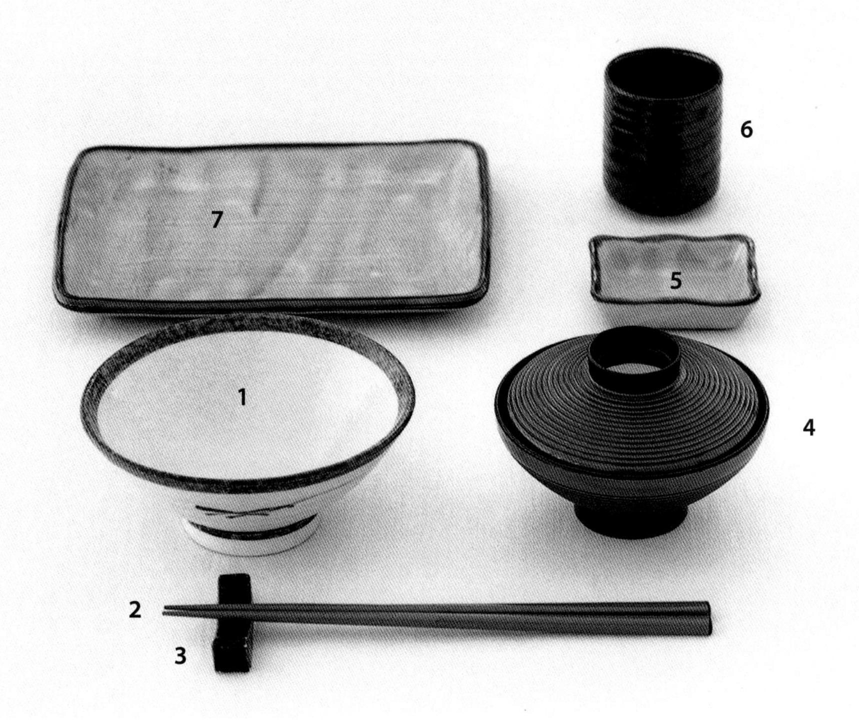

与中式餐具摆台非常相似，日式餐具摆台需要若干的碗、碟和盘，用来盛放日本料理中的所有食材。米饭、面条和汤用碗盛放，寿司和刺身、炒菜和铁扒类菜肴则用平盘盛放，酱汁和泡菜则需要使用小碟来盛放，一个无柄茶杯可以用来盛味噌汤。小料壶可以用来盛放酱油，这样客人们就可以自己取用。筷子应该放在餐具的正前方，筷子头部朝向左边。

1 饭碗
2 筷子
3 筷架
4 汤碗
5 泡菜碟
6 茶杯
7 餐盘

图书在版编目（CIP）数据

图解餐巾折叠技艺 /［英］Ryland Peters & Small 有限公司著；丛龙岩译. —北京：中国轻工业出版社，2019.6

ISBN 978-7-5184-2415-3

Ⅰ. ① 图… Ⅱ. ① 英… ② 丛… Ⅲ. ① 餐馆 – 装饰 – 图解 Ⅳ. ① TS972.32-64

中国版本图书馆 CIP 数据核字（2019）第 052647 号

版权声明：

“First published in the United Kingdom in 2012.This revised edition published in 2018 under The Art of Napkin Folding by Ryland Peters & Small Ltd., 20-21 Jockey’s Fields London WC1R 48W” and the copyright line as it appears in the Work. All rights reserved.

责任编辑：方晓艳　　责任终审：张乃柬　　整体设计：锋尚设计
策划编辑：史祖福　　责任校对：吴大鹏　　责任监印：张　可

出版发行：中国轻工业出版社（北京东长安街6号，邮编：100740）
印　　刷：北京富诚彩色印刷有限公司
经　　销：各地新华书店
版　　次：2019年6月第1版第1次印刷
开　　本：787 × 1092　1/16　印张：7
字　　数：135 千字
书　　号：ISBN 978-7-5184-2415-3　定价：68.00元
邮购电话：010-65241695
发行电话：010-85119835　传真：85113293
网　　址：http://www.chlip.com.cn
Email：club@chlip.com.cn
如发现图书残缺请与我社邮购联系调换
180875S1X101ZYW